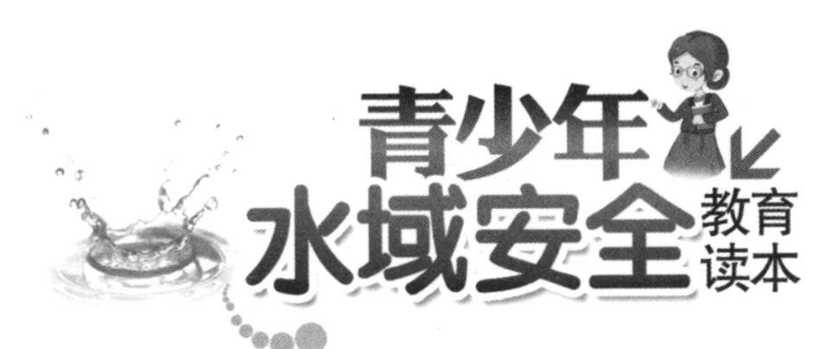

QINGSHAONIAN
SHUIYU ANQUAN JIAOYUDUBEN

◎主编 王 斌 方朝阳

长江出版传媒 湖北科学技术出版社

前 言

我国是世界上水域分布较广、江河湖泊众多的国家之一，水域的存在给人们带来了丰富的水产品、便利的水上交通，但“水域安全”问题也随之凸显。据《中国卫生统计年鉴》统计，2012 年我国城市居民死亡率（1/100 000）在“淹死”一项为 2.76，农村居民死亡率（1/100 000）在“淹死”一项达 5.58。在我国庞大的人口基数上，溺水而亡的人口总数让人触目惊心，这还不包括因溺水而致伤致残的人口数。现实生活中，青少年群体由于自我掌控能力较弱等特点，溺水意外发生率在各群体中又是最高的。

溺水事故使千千万万遭遇不幸的家庭笼罩在无尽的悲痛之中，丧失了幸福生活的源泉。如何在水域活动中准确预测、判断、分析、控制和消除各种水域危险并实施自救或救生？如何构建水域安全教育体系以预防水域安全事故的频频发生？这是社会各界普遍关注的话题，也对我国安全教育教学改革提出了新的要求。调查研究表明，水域安全教育相对于传统的专题讲座、游泳课程等方式，对青少年溺水事故的预防具有更显著的效果，对解决当前我国青少年水域安全问题具有重要的现实价值。

一、水域安全教育的目的

研究表明，水域安全事故不仅与青少年的年龄特点相关，同时也与其对待危机的意识与态度相关。年龄较小的群体，在水域活动中由于缺乏危机意识及相关自救或救生能力，一旦遇险往往即造成严重后果；而年龄较大的群体中，部分青少年自认游泳技术不错，也易因麻痹大意而导致事故发生。可见，内在因素对水域高危行为起着决定性作用，危机意识与安全态度缺失且面对危机应对乏力，成为青少年溺水事故频频发生的重要原因之一。

我国当前的安全教育体系中，对水域活动中安全知识、自救与救生技能、安全意识与态度等缺乏系统的教育，在仅有的与水域安全教育相关的传统体育课教学中，也主要以专题讲座、游泳课程等形式进行，侧重于理论观点的传达和游泳技能的初步训练，而水域安全教育立足于全面教育、系统教育，其目的在于通过安全知识的传授，使青少年充分认识到水域活动的潜在危险，树立正确的危机意识；掌握水域事故发生前后的应急知识与技能，能够顺利开展自救或救生活动；改变青少年长期以来在水域活动中危机意识淡薄、自救与救生知识与技能欠缺等现状，从根本上预防和避免水域安全事故的发生。

二、水域安全教育的意义

一个孩子就是一个家庭的全部，青少年的溺亡会极大地破坏家庭乃至社会的和谐与稳定。为了确保青少年水域活动的安全，社会、学校、家庭从各自的职责和已有资源出发，已经进行了积极的尝试与探索。如社会将青少年水域安全保护问题纳入到了《未成年人保护法》《学生伤害事故处理办法》等法律法规，以期从法律的角度对社会、学校等进行督促；学校从已有的课程资源出发，采用专题讲座等形式对青少年传授水域安全知识，运用游泳课的形式进行游泳技能的训练；家长则往往苦口婆心、千方百计地说服自己的孩子远离水域活动，这些外在的措施在一定程度上起到了预防和控制水域安全事故的作用，但作用非常有限。

从国家教育发展的层面讲，系统的水域安全教育将极大地丰富我国当前的安全教育体系，实现青少年水域安全教育由偏重游泳教学向全方位、多角度、事前事后全面教育的角度转变，这必将极大提升水域安全教育在整个安全教育体系中的重要性。

从社会稳定层面讲，系统的水域安全教育将对减少青少年溺水事故的发生起到积极的效果，减少社会人伦悲剧，让更多的家庭不再破碎，让更多人的保有幸福，对促进家庭和睦、维护社会和谐稳定有着重要的社会现实意义。

三、水域安全教育的内容

全面的水域安全教育除了传统意义上游泳技能教学，也需要涵盖自救、救生等救溺技能及其他常识性的安全知识。基于此，本读本尝试从理论与技能两大方面全面展现水域活动必备的各项安全知识，具体划分为“安全知识篇”、“救溺技能篇”、“判断能力篇”。安全知识篇侧重于基本的水域安全常识，包括水域安全须知、水域装备知识；救溺技能篇侧重于必备的自救与救生知识与技能，其中自救常识包括突发状况应对、简易浮具制作、自救泳姿等，救生常识包括基本救生、救生泳姿、徒手救生、冰上救生、岸上急救五大环节；判断能力篇侧重于强调影响水域活动态度的安全知识，包括身体状况判断、天气状况判断、水域环境判断，同时附上国家规定的各种水域安全标志。

本读本是对教育部人文社科项目《我国中小学生水域高危行为的成因及对策研究》（14YJC890017）、国家体育总局全身健身研究领域项目《青少年游泳运动伤害预警与主动安全研究》（2015B054）、湖北省高等学校教学研究项目《湖北省大学生水域安全教育模式的构建与检验》（2013092）有关研究成果的总结与提炼。罗时、张辉、于洪涛、尚辉娣和谭兴强等参与了编写工作。

根据水域安全知信行理论，水域安全知识的掌握可以直接影响水域高危行为的发生，也可以通过影响水域安全态度进而避免水域高危行为。本读本的编写试图使青少年能够充分认识到水域活动的危险所在，使青少年掌握水域活动必备的安全知识与技能，树立正确的水域活动安全观，进而减少青少年的水域高危行为，以期最大限度地减少溺水事故的发生。

目 录

安全知识篇

救溺技能篇

Chapt 1

安全知识篇

ANQUAN ZHISHI PIAN

第一章
水域安全须知

▶▶ 知识要点：

常见隐患　重在防备
游泳场所　严守规程
自然水域　量力而为

第一节　常见隐患　重在防备

水域活动所涵盖的范围广阔，既包含老少皆爱的游泳、戏水等活动，也包括日常生活和生产过程中与水域相关的其他活动。水域对于人类赖以生存的陆地来讲，是一个略显陌生的存在，充满了变幻莫测的突发状况。那么，水域活动中有哪些常见的安全隐患呢?

身边的案例

【三大学生被恶浪卷走】

“3 名大学生结伴到海边游泳，岂料却不幸被恶浪卷走!”这是 8 月 1 日下午发生于吴川市王村港镇港口附近海域一宗令人扼腕痛惜的溺水事故。

据了解，3 名大学生中，一个是吴川王村港镇覃寮村委会埇尾村的潘某，另两个分别是其吴川梅菉籍同学和江西籍同学，他们就读于省内一所体育学院，是大学二年级学生。1 日下午 5 时多，潘某和他的两位同学结伴到王村港镇港口海边游泳。到晚上 8 时多，潘某家人见潘某还未回家，打电话也没有人听，家人便到海边寻找，却不见踪影。

昨日，记者从吴川市获悉，当地镇委镇政府、边防派出所及群众事发后积极组织搜救，至记者发稿时止，已发现并捞起其中 2 名大学生的尸体，另一失踪大学生还在搜寻中。（来源：2010-08-04 广州日报 作者：关家玉）

【安全寄语】水中嬉戏快乐一时，

能否下水先得“停！看！问！”，莫要无　世。
视水情，莫要危境逞强，否则痛苦一

安全警示

1. 停！

综合分析各类青少年溺水事故，以高温时期、假期结伴到江、河、湖、坝等天然水域游泳时发生的居多。野外的公开水域是事故的高发区。据统计，在所有的溺水事故中，野外游泳占的比重超过了50%。在公开水域游泳比在游泳池更危险，成人和儿童均有可能不经意间落入水中，在已有的案例中，部分青少年仅仅是因为在水边玩和行走即导致意外溺水。因此，涉水要注意安全，但即便只是在水边并未涉水，也不可大意，只要到了水域附近，都应该稍作停顿，思考活动的安全性。

2. 看！

若执意要去没有救生员的场所，切记要选择平缓、清澈见底的水域，并且仔细观察四周是否有告示牌，千万不可冒险玩水，更不要选择地形、水深与水流不明的水域进行水上游戏。在设有警告标牌、风浪过大、急流、水质不洁区域均不应下水。在海滨玩耍，要注意涨潮落潮，涨潮时要迅速离开海边，避免被潮水卷走。在沙滩区域应仔细观察，有些沙滩看起来是实的，但其实下面有裂缝或底层空虚，极易出现沙崩将人掩埋。

3. 问！

下水前，应咨询并明了水下状况，泳池中明确深度、水质，公开水域除了关注水深、水质，还要明确水下地形、水中生长物、杂物等，切不可盲目下水。

危机预防

了解水域状况与潜在安全隐患、牢记安全事项是保证水域活动安全的前提，无论游泳场所还是公开水域，均存在一些共性的安全隐患。

1. 地形——水深坡陡，勿靠近勿闯入

水利工程的翻新使许多沟渠、河流、湖泊、水库得到修护，往往进行了边坡护砌和沿岸整治，虽然整齐美观，却使得侧护坡陡峭且非常光滑平整，如果没有抓扶物，加之不知深浅，一旦滑落，极易发生意外。

游泳场所的深水区也存在这样的问题，在游泳技术不允许的情况下，误入深水区会导致缺乏应对，慌乱之下发生意外。

2. 水上——切莫大意，警惕波浪与浮物

案例中吴川市的三名大学生罹难的一大原因即是因为海浪，无论是海域还是江河湖泊等自然水域，都存在波浪，且波浪会随天气、潮汐等的变化而改变。同时，要注意自然水域的水面漂浮物，水面漂浮物因一部分隐藏于水下，不易判断其大小与危害，应避免被撞击，且部分漂浮物为垃圾等有毒有害物质，与其接触易感染疾病。无论是在游泳场所还是公开水域，均应注意活动范围周围的人群，避免相互碰撞。

3. 水下——危机重重，警惕障碍、暗涌与水生物

水面风平浪静不代表水下安全无恙，头部入水会触及水底石块、水底尖锐物而使人受伤；破渔网会缠住手脚，水底暗涌会制造漩涡拖人下水；自然水域及海域等会有鲨鱼、海蛇、水母及其他未知危险生物等。

4. 身体——切莫逞能，体弱与疾病不入水

水域活动需要体能，若体质不适、体力不支则不适宜从事水域活动，部分疾病如中耳炎、心脏病、皮肤病等患者不适宜从事水域活动。因此，从事水域活动前应进行自我评估，勿因大意或同伴邀约而盲目下水，拿自己的健康甚至生命当儿戏。

小贴士
XIAOTIESHI

养成良好的运动习惯：

热身运动：入水前应先做伸展热身操。

呼吸：游泳中呼吸时尽量用嘴吸气，用鼻呼气，且以最大肺活量吸气及吐气，做到有节奏，不宜多说话，以防呛水。

眼睛：养成睁眼游泳的习惯，戴泳镜，以免被撞或踢伤。

耳朵：野外游泳不可用耳塞、棉花等堵塞耳道，否则危险状况发生不能立即听到警告信号或行船声，易发生碰撞危险。

结伴：结伴游泳以便互相照顾。

护具：从事水上活动，除游泳外，均应穿着救生衣。

严肃：不可拿呼救的动作开玩笑。

保温：离水后应立即擦干身体、保持体温。

（运动成都网）

第二节　游泳场所　严守规程

游泳场所，是指能够满足人们进行游泳运动训练、健身、比赛等活动的室内外水面（域）及其设施设备，包括人工游泳场所和天然游泳场所。其中人工游泳场所指向社会公众开放的各类室内外人工游泳池、游泳馆、游乐戏水池等；天然游泳场所指向社会公众开放的江、河、湖、海等天然水域及其设备。

身边的案例

【21岁小伙泳池溺亡】

事发地点：某游泳池。

同伴质疑：救生员无资质不作为。

21岁独子的猝亡让父母痛不欲生。昨日下午，21岁青年王某在广州某游泳池内溺水昏迷，经抢救无效死亡。一起游泳的同伴认为泳池救生员没有及时发现异常，发生事故后没有马上应急处理。昨晚10时30分，家属与游泳池物管方在永平街道司法所进行调解。律师认为，作为经营性场所，泳池管理方对王亮的死亡负有民事责任。

同伴杨某回忆起当时的情景说，下午2时许，4个人换好泳裤下水，杨某就和另外两个人往深水区游去，当时以为王某也跟在后面。大概过了十来分钟，才发觉他不见了，在浅水区找到他时发现其四肢张开浮在水面上，已经昏迷过去了。

他们马上向池边的救生员呼救，并把王某抬到岸上。可是救生员并没有马上回应，过了一段时间才过来查看。虽然经过人工呼吸抢救，但王某丝毫没有反应。20分钟后救护车赶到，送南方医院抢救后证实不治。死因写的是“淹死”。

“我有一个朋友在那里做救生员，他告诉我救生员都是兼职的，没有救生员资格证。”同伴唐某对游泳池的管理十分质疑，事发后直到晚上泳池也没有人到医院协助。

广东律师事务所张主任律师表示，泳池应该安排足够数量、有资质认证的救生员从事救生工作。一方面要负担起及时发现异常的责任，另一方面要展开有效救助。（来源：2010-08-02 广州日报 作者：廖靖文）

【安全寄语】泳池也是可以淹死人的！我们常常认为泳池人多且有人照管，算得上是最安全的戏水之地，但事实上如果不遵循正确的行为规范，再安全的泳池也能致人死命。规范的泳池应该配有敬业的救生员，在救生员视线范围内戏水，是对我们生命的保障。

安全警示

1.游泳池行为规范

不得奔跑——在泳池边不可奔跑或追逐，避免滑倒受伤；

不得推人——在泳池边不可任意推人下水，避免撞到他人或撞到池边受伤；

慎重跳水——非跳水区域严禁跳水，极易因水浅而造成颈椎受伤，导致终生瘫痪；

慎入深水区——初学者应避免前往深水区，除非有人陪同且正确携带、穿着浮具；

不得压人入水——水中不可将他人压入水中不放，以免因呛水而窒息；

慎重潜水——未经许可不得使用潜水装备，不得进行水中憋气练习，需有人监护且依自身能力进行；

防范抽筋——若在水中感到寒意或感觉将有抽筋现象时，应立即上岸休息；

避开生理期——女性勿在生理期下水活动，易感染炎症，影响身体健康；

患病不入水——有以下症状者禁止入水：心血管疾病、癫痫、皮肤病、伤口、眼疾、耳鼻等传染病及神志不清、酗酒、使用药物者；

禁止吃食物——禁止在泳池饮食、喝饮料、酒、抽烟、嚼槟榔、口香糖；

禁止电器——禁止在泳池使用电器用品，如吹风机、手机充电器等；

讲究卫生——禁止在泳池小便、吐痰及其他影响环境卫生的举动；游泳前后，如厕后再淋浴；

观察四周——游泳前进时，应睁开眼睛，与周围其他人保持安全距离，避免被踢到而受伤；

及时呼救——若在水中发现自己体力不足，无法游回池边，应立即举手求救，或大喊“救命”，等待救援。

2.救生员的重要性

《中华人民共和国国家标准（GB19079.1-2003）体育场所开放条件与技术要求》规定：水面面积在 250 平方米以下的人工游泳池，至少配备固定救生员 2 人；水面面积在 250 平方米以上的，按面积每增加 250 平方米及以内，增加 1 人的比例配备固定救生员。天然游泳场（海滨游泳场所除外）按每 360 平方米配备 1 人的比例配备固定救生员；海水游泳场所按海岸线每 100 米配备 1 人的比例配备固定救生员；至少设有流动救生员 1 人。

在下水之前，应观察水域附近是否有救生员，否则一旦遇到麻烦，周围将无人可以提供帮助。应选择安全、有救生员及良好救援设备的游泳场所，并且穿着正确的游泳服装及佩戴必要的装备。

危机预防

游泳场所虽有人照料，但依然因为游泳者自身与环境的多种原因而易出现危险事故，为了防止事故发生，在游泳场所活动应有意识地做好安全防备。

1.饮食——空腹饱腹勿游泳

饭前空腹游泳会影响食欲和消化功能，也会在游泳中发生头昏乏力等意外情况；饭后饱腹游泳也会影响消化功能，还会产生胃痉挛，甚至呕吐、腹痛等现象，可以饭后休息一小时后无饱胀感再下水，也可下水前适当吃水果、点心等补充体力。

2.运动——剧烈运动后勿游泳

“夏天，在踢一场足球或打一场篮球后，如果能够赶紧下水泡一泡游一游，是一件多么惬意的事情”，很多人都抱有类似的想法。但事实上，剧烈运动后马上游泳，会使心脏负担加重；而且体温的急剧下降，会使抵抗力减弱，引起感冒、咽喉炎、痉挛等。

3.饮酒——酒后勿游泳

酒后意识不够清醒，突发状况下反应能力下降，不能做出恰当的应急反应，极易发生意外。且酒后游泳时体内储备的葡萄糖大量消耗会出现低血糖，另外，酒精能抑制肝脏正常生理功能，妨碍体内葡萄糖的转化及储备，易出现体力不支甚至昏厥。

4.阳光——游泳时勿长时间暴晒

在露天场所游泳时，长时间暴晒会产生晒斑，或引起急性皮炎，亦称日光灼伤。为防止晒斑的发生，上岸后最好用伞遮阳，或到有树荫的地方休息，或用浴巾裹身保护皮肤，或在身体裸露处涂抹防晒霜。

5.热身——游泳前做好准备活动

水温通常总比体温低，特别是陆上游泳池循环的自来水温度比水上游泳场的水温更低，下水前做好充分的准备活动，能够有效防止肌肉抽搐和呛水，降低意外发生的风险。

6.水质——闻一闻泳池氯气味

游泳池检测指标主要有 3 个，一是余氯，余氯有一定腐蚀性，超标会刺激鼻子、眼睛和黏膜；二是浊度，观察水质浑浊度，浊度过高，就要补水换水；三是 pH 值，如果游泳者在泳池小便，容易引起泳池尿素偏高，影响水质。

有过敏体质的人群，可选择在泳池换水后两至三天再游泳，这样水中的余氯对皮肤的刺激更小一些。正常情况下，站在游泳馆泳池边能闻到淡淡的氯气味，如果氯添加过多会产生刺鼻的味道，过少则闻不到氯味。需选择卫生条件好、水质清澈透明、氯气味适中的高质量游泳池。

7.细菌——无处不在与有效防备

当前泳池并未形成对游泳者下水前进行身体检查的惯例，诸如皮肤癣病（包括足癣）、重症砂眼、急性结膜炎、中耳炎等传染病人群不应被允许入池游泳。游泳中最容易传染的皮肤病主要有三类：一是真菌性皮肤病，例如足癣，多是泳池里直接传染；二是寻常疣，这种是由泳池附近地上的脚垫伤害脚底而引起；三是传染性软疣，这种疾病一般通过直接接触传染，多发于儿童和青少年。那是否细菌只存在于水中呢？其实常常被忽略的卫生隐患也存在于泳池边的公共设施，比如防滑垫、座椅、栏杆等，这些都是病菌喜欢潜藏的窝点。

因此，在陆上游泳池游泳时应坚持适度原则，每次游泳最好不要超过 40 分钟，定期用开水对泳衣、泳裤进行清洗。另外，家中常备达克宁、克霉唑软膏，从容应对常见的急性皮肤疾病。

8.泳后——及时清洗讲卫生

游泳后要记得用清水彻底清洗全身，以减轻池水中的含氯消毒剂对头发和皮肤的不良刺激，也可冲洗掉皮肤上可能污染的致病微生物。清洗完后，即用软质干毛巾擦去身上水垢，滴上氯霉或硼酸眼药水，清理鼻腔分泌物。如耳部进水，可采用“同侧跳”将水排出。之后，可再做几节放松体操及肢体按摩或在日光下小憩 15~20 分钟，以避免肌群僵化和疲劳。

游泳安全泳池篇

池畔不嬉闹，一步一步走；
先试试水温，累了不再游；
危险不惊慌，要大声呼救；
注意好安全，尽情享自由。

第三节　自然水域　量力而为

生活中除了游泳场所，野外无人照料的自然水域也处处存在于我们身边，相比于游泳场所，自然水域的溺水安全事故更是频频见诸报端，为什么自然水域会一个接一个的吞噬生命？自然水域中有着哪些我们不得不注意的危险因素？我们需要更多的了解。

身边的案例

【河北邯郸发生大学生溺水事件 5 人落水其中 3 人死亡】

据河北省邯郸市一市民 6 月 1 日晚间反映，当晚 7 点多，邯郸市发生一起大学生溺水事件，5 人落水，其中两人安全无事，剩下 3 人正在被打捞当中。截至记者发稿时，其中 3 人已被证实抢救无效死亡。

据目击者称，事件发生在邯郸市光明南桥附近一个烧烤摊。事发前，5 名男生和 3 名女生在该烧烤摊就餐。其中一男生不知何因落入水中，其他 4 名男生相继跳水施救。随后 2 名男生爬上来，而跳水施救的另外两名男生和被救者没有爬上来。

事发后，该辖区罗城头派出所接到报案后几分钟内迅速赶到现场施救。随后，消防支队、邯郸市打捞救援队等赶到现场协同打捞落水者。

大约在晚上 10 点 15 分左右，落水者全部被打捞上来，被送往邯郸市中心医院。

记者获悉此事件后，第一时间赶往罗城头派出所，该所有关负责人表示，事件发生的具体原因正在全力调查中，目前 3 名落水者情况堪忧。随后，记者在 6 月 2 日凌晨 0 点 40 分左右赶到邯郸市中心医院急诊部，只看到最后一名落水者尸体被送往尸检中心的车辆。医院护士证实，3 名男生已经死亡。

在罗城头派出所记者见到了河北工程大学的老师，他声称出事的3名男生系该校大学生，但并未介绍学生的详细情况。（来源：2014-06-02 中国新闻网 作者：霍发林 申芳兴）

【安全寄语】 三个正值青春年华的生命就此消逝，我们时常听说“暴雨”“山洪”会导致溺水，但其实除了暴雨和山洪，自然水域还有一些安全隐患会危及我们的人身安全。

安全警示

自然水域中水温层差异大、水冰冷、洞穴、异物、漩涡、波浪等等，都会对人身安全构成极大隐患。

1.危险之“波浪”

大面积自然水域会有波浪，波浪可随天气、风向、风力、气压、水流、潮汐等快速变化，游泳者若大意，极易被波浪推倒并被带入深水区。特别是海中的暴风浪，浪头频繁出现，一浪紧跟一浪，频率可达1分钟12~14次，且当波浪破碎时，水几乎垂直地冲击下来，回流比上爬强有力得多，可将游泳者迅速卷入深海。

2.危险之“暗流”

江河湖海水中表面的风平浪静并不代表毫无安全隐患，水下常常因为地形、温差等原因，潜藏暗流且流速很快，变化非常强。

如果碰到水中暗流，应尽量控制自身方位，力图让脚顺流而下，以防头部被水冲至岩石或障碍物上。暗流会将游泳者顺流带至与岸边呈一定角度的方位，当脱离暗流最猛处后，迅速径直朝岸边游去。

3.危险之“漩涡”

当水流遇到障碍物后，会产生漩涡，漩涡可将游泳者困住。所以不要被平静的水面迷惑，尽量避免进入诸如水坝下部等水流急转水域，如果不幸陷进漩涡，不要盲目挣扎，此时应以最快的速度沿漩涡切线方向游离漩涡中心，而千万不能采取直立踩水姿势顶水逆流而游，以防被强大的漩涡吸入水下。万一被卷入水下，也应在入水前深吸一口气争取以潜泳在水下奋力一拼，潜到所能游动的底部后脱离漩涡，然后尽快回到水面。遭遇漩涡，要牢记顽强的求生意志是获救的唯一希望。

4.危险之“水下障碍物”

水底并非是平的，江河湖中往往有诸如岩石、树桩、杂草等的水下障碍物，即使对某区域的水下障碍物非常熟悉，也应小心风向、水流和暴雨会移动水下障碍物。水塘、水坑的水底往往藏有树桩、木头、烂渔网或者卵石等杂物，在这样的水域奔跑嬉戏极易受伤。

绝不在水坑中跳水，绝不跳入浅于 2 米的水中，若想跳水，须用脚先小心地检查水底及查探水深，勿在自然水域头部入水，否则碰撞水下障碍物极有可能受伤，严重的会瘫痪甚至死亡。

5.危险之“冷水”

自然水域流动性强，水温较低，接触冷水会使体温过低。冷水一般指 21℃（含）以下的水，但是若长时间接触水，即使是在 27℃水温的水中，也可能发生体温过低的情况。一般来说，如果用手摸起来感觉水冷，则确实是冷，此时即应注意体温的流失。

6.危险之“突降陡坡”

自然水域水底状况不明，水下地形变化大，水下障碍物、深坑、淤泥、坡度，都会使水深出现急剧变化，在自然水域入水，始终要做到缓慢、谨慎，脚先入水。

7.危险之“雷雨山洪”

遇到雷雨等天气突变应立即终止自然水域活动，急剧降水易引起山洪暴发，导致水面突涨，水流加快，此时应尽快远离水域撤至安全区域。

8.危险之“水草”

游泳时遇到水草，应立即停止划水动作，改用仰泳姿势迅速离开水草，如果已被缠住，应仰躺水面，一手划水，一手排开水草。切不可双手乱挥、双脚乱蹬，这样会使水草越缠越紧。

9.危险之“抽筋”

离岸近立即上岸，按摩抽筋部位；离岸远应立即仰面浮于水面，按摩或牵引抽筋部位，待抽筋不太严重时，马上用未抽筋的肢体划水，尽快上岸。如果附近有其他人，应大声呼救。

10.危险之“溪流”

不要在溪边河床上活动，小心溪流上游的电站水坝突然开闸放水，当水流急速、浑浊、水位上升、大量树枝、垃圾流下时，尽速离水往高处走，避免被冲走。如果不幸被冲入溪流中，应面朝上用口呼吸，保持脚前头后的姿势，不要试着站立，顺水漂流至岸边再寻机上岸。如果不幸陷入急流、回流区域时，应冷静放松伺机吸口气，让身体阻力最小或沿着河底岩壁做支点来脱困。

11.危险之“水坝”

水坝在江、河、湖、池塘中很常见；当闸门打开时，坝下水位会很快升高，激烈的水流会对游泳者造成极大危险；绝不在水坝下部游泳或行船；小心低落差的水坝，通常无闸口的小水坝只有 1~3 米高，水流不断。坝下水流可形成极大的漩涡，足以将游泳者吸入水底并困住。

12.危险之“港口、航道、码头”

港口、航道、码头均为繁忙的水上通道，过往的大小船舶及尾部推进桨叶会使四周水流急剧变化，形成漩涡，靠近船舶或尾随船舶极易被漩涡卷入水底，也极易被船舶撞上。

危机预防

1.自评——忌自不量力

在自然水域岸边或水中活动之前，必须对自身状况进行自我评估：是否认识到这片水域的风险所在？自身是否有能力抵御这些风险？不要在身体状况不允许的情况下大意下水，不要因为同伴邀约讲究所谓“面子”强行下水，不要因为过于自信自身的游泳与自救能力贸然下水，不要以自己的生命为赌注。

2.熟悉——忌在不熟悉的水域游泳

在自然水域游泳时，必须意识到水域周围和水下情况的复杂性，牢记自然水域可能存在的危险因素，不做超出规范的行为。即便进入陌生自然水域，也应耐心试探，逐步熟悉水情，对陌生水域的“无所适从”感，会导致紧张与慌乱，导致在突发状况时不能做出有效应对，从而发生意外。

3.时长——忌游时过长

皮肤对寒冷刺激一般有三个反应期。第一期：入水后，受冷的刺激，皮肤血管收缩，肤色呈苍白。第二期：在水中停留一定时间后，体表血流扩张，皮肤由苍白转呈浅红色，皮肤及身体由冷转暖。第三期：停留过久，体表散热大于体内发热，皮肤出现鸡皮疙瘩和寒战现象，这是夏季游泳的禁忌期，应及时出水。夏季自然水域游泳持续时间一般不应超过 1.5~2 小时。

4.防护——伙伴与装备

到自然水域游泳需 2~3 名伙伴结伴而行，相互照应，留一人在岸边警示，以便身处险境时可以及时呼救报警；同时，下水前应准备好相应装备，正确穿戴泳衣，携带救生圈或者救生浮球等，携带饮用水，不喝自然水域的水，可适当携带诸如香蕉、巧克力等补充能量的食物补充体能。

5.迷信——那只是传说

民间传说，溺毙的冤魂，变成水鬼，需要找人替死才能转世投胎。在水中玩乐时浑然不知，一旦体力耗尽或因其他原因出现身体不适，迷信思想立即涌入脑海，极易形成恐惧，慌乱应对，最终导致溺毙。

游泳安全野外篇

野外戏水，遵守规定
刮风大雨，不得下水
危险溪流，千万不碰
救生人员，保护安全
量力而为，就是英雄

第二章
水域装备知识

▶▶ 知识要点：

游泳装备　健康游乐
救生装备　护航生命

第一节　游泳装备　健康游乐

水域活动装备，可分为游泳装备与救生装备，了解游泳装备，正确穿戴游泳装备，既可以增加戏水乐趣，也可以保障自我安全。

身边的案例

【裸泳为什么比穿泳衣游得更慢?】

很多人认为，裸泳既可减少泳衣的重量负担，又没有泳衣的阻力，因此，裸泳应该比穿泳衣游得更快。然而，事实并非如此。裸泳反而比穿泳衣游得更慢。

“裸泳之所以没有普及，主要不在于不雅，而在于裸泳游得并不快。”广州体育学院副教授周良君说，荷兰研究人员实验证明，不穿泳衣的阻力比穿泳衣要大 9%，泳衣可以使身体变成流线形，阻力更小。

那如今的运动员的泳衣为何都选“鲨鱼皮”呢？这还是与减少阻力有关。周良君说，泳者在水中遇到的阻力，与水的密度、泳者的正面面积、摩擦系数及泳者速度的平方成正比，因此减少正面面积和摩擦系数是设计低阻力泳衣的关键。“鲨鱼皮”泳衣就是充分考虑了流体力学和仿生学原理，模仿了鲨鱼皮肤的特点。“鲨鱼游得快，就是因为它的皮肤上有一层细小的脊柱形突起，鲨鱼在水中游动的时候，这些突起能更有效地使身体周围的水流走，从而减少阻力，使鲨鱼成为海洋中的游泳冠军。”

周良君介绍，以特氟纶纤维为原料制成的“鲨鱼皮”泳衣，泳衣上突起的高度和宽度都经过了严格测算，同时面料上还添置了身体观测系统，可以记录运动员的特征，使泳衣更舒适。因此，“鲨鱼皮”泳装因其高科技威力受到越来越多运动员的青睐。（来源：2010-08-04《广州日报》作者：黄蓉芳）

【安全寄语】看似可有可无的泳衣，却有如此高科技的含量和如此精细的做工。认识游泳装备，合理使用游泳装备，不但可以提升戏水的安全性，也可以增加戏水的乐趣。

安全警示

游泳除了健身，还要玩得开心，因此一些必要的装备是不可少的，到底有哪些呢，我们可以看一看，然后想一想自己平时都有注意到哪些。

1. 泳衣要合身：游泳衣裤要以穿在身上感到舒适为宜，如果太大，在游泳时容易兜水，以致加大身体负重和阻力，影响游泳动作。

2. 泳镜可防菌：泳镜可以有效预防不干净水质中的细菌进入眼内，也可纠正初学者在水中睁不开眼睛的习惯。

3. 鼻夹防呛水：鼻夹可强制游泳者用嘴吸气，而不用鼻吸气，可以避免呛水。

4. 耳塞可防水：耳朵进水后很不舒服，有时会引起疼痛以致影响听力，为了防止水进入耳朵，可佩带耳塞。

5. 戴帽讲礼仪：游泳时应戴泳帽，特别是女性，可防止头发散乱，也防止头发掉到泳池影响他人，如果水质不好会使头发变黄，戴泳帽也可以预防。

6. 浮具保安全：初学游泳者，最好自备一些浮具，如救生圈（衣）、泡沫塑料打水板等，要注意经常检查充气浮具有无漏气，以防发生事故。

7. 浴巾和拖鞋：浴巾和拖鞋是游泳者必备的用品。在游泳的间歇或游完后上岸，用毛巾擦干身体，披上浴巾，穿上拖鞋，既可以保暖，防止感冒，又比较卫生。在冬泳时，更是不可缺少。

危机预防

在实际生活中，面对各式游泳装备，我们往往不知该如何选择。这些装备的性能如何，该如何使用，我们应该有一个基本的了解。

1.泳衣

泳衣为戏水常用装备，一般多采用遇水不松垂、不鼓胀的纺织品制成。

（1）面料

按面料分类	特点	用途
杜邦莱卡泳衣	比普通材质的泳衣有更长的使用寿命	多适用于连体泳衣
锦纶面料泳衣	属于中等价位，与杜邦莱卡面泳衣相比，扎实度不够，但是弹性度与柔软度不相上下	是现在人们最常使用的泳衣面料

（2）款式

人群	款式
女士	大致可分两件式、一件式、筒式、三件套式等四类，因应潮流趋势也会添加四件式，或设计上变化的特殊款型
男士	一般分为三角泳裤和平角泳裤
女童及男童	与成人女士与男士的款式大体相同

2.泳帽

游泳时戴泳帽是一种基本配备，也是一种基本的礼貌，戴泳帽用于防止耳震和保护头部。

(1) 泳帽的种类

大体可分成布帽、PU 涂层泳帽、网帽、橡胶泳帽、硅胶泳帽，最新推出的产品有各类含弹性纤维的泳帽。

(2) 泳帽的作用

关键词	作用
①保护头发	防止掉头发，弄脏池水，保持池水卫生，且保证游泳的时手不会缠到头发，是游泳活动中的一种基本礼仪。 塑胶的泳帽，可以防止头发和池水过多的接触，池水里有漂白液，会伤头发，经常游泳不带塑胶泳帽头发会变黄。
②减小阻力	戴泳帽之后水中阻力小。
③利于救援	泳帽大多颜色鲜艳，方便救生员及水中的同伴关注。
④保护头部	对头部能起很好的保温作用，尤其是在冬天。

3.泳镜

泳镜使用时紧扣于眼部，可以在水下看清东西的同时防止泳池水入眼，既保护了眼睛，也增加了水中活动的乐趣。

(1) 泳镜的材质

部位	材质	特点
镜片	聚碳酸酯（有机玻璃）	不易破碎
	丙酸纤维素	泳镜镜片跟防雾处理有机结合，防雾功能强
头带、鼻桥、镜框	采用精纯的硅酮材料（砂胶）制作	对人体无害，且手感非常柔软，佩戴时具舒适感

(2) 泳镜的性能

泳镜除了在功能上区分为竞速泳镜、普通泳镜、近视泳镜、老花泳镜，好的泳镜还具有高性能防雾、100%抗紫外线处理、密封功能，对眼睛起到保护、预防伤害的作用。

（3）使用泳镜的注意事项

部位	要点
镜片	是否透明，有无划痕
垫圈（胶皮）	是否密封
鼻梁	宽度是否合适
镜带	弹性要合适，使用时松紧得当，另外带子的牢固性要好，避免使用过程中损坏。

4.呼吸管

呼吸管是可让浮潜者的脸留在水中仍可呼吸的装备。一般的呼吸管设计是一端开口，另一端是有咬嘴的弯管。呼吸管的内径为2cm左右。呼吸管不是愈长愈好用，当管长超过40cm时，肺部并不能抵抗水压有效吸气，而且呼气时的二氧化碳也会留在管内，减低换气的效率，可能造成血碳酸过多症。

分类标准	类型	区别
材质	硅胶呼吸管和PVC呼吸管	咬嘴和蛇腹管材质不同
设计结构	湿式、半干式、全干式	呼吸管顶部是否有浮力闭气阀或防浪结构

（1）湿式

结构为一根管子加一个咬嘴，进水时则必须泳者吐气将水喷出，此类简易式呼吸管对于有游泳技巧及学习过浮潜者来说没有难度，但对于初学者来说，极可能无法一口气将管中积水喷干净而呛水。

（2）半干式

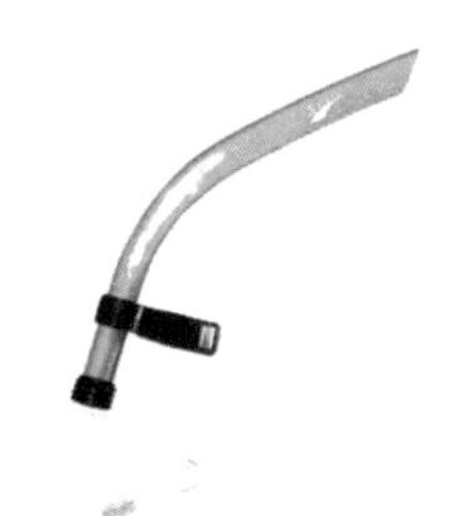

在咬嘴前端有一个活门，阻止水进入嘴中，但管中仍有水，呼吸有些许阻力，但是在潜水超过呼吸管深度时，可避免水直接流入口中，

是初学者最容易入门的装备。

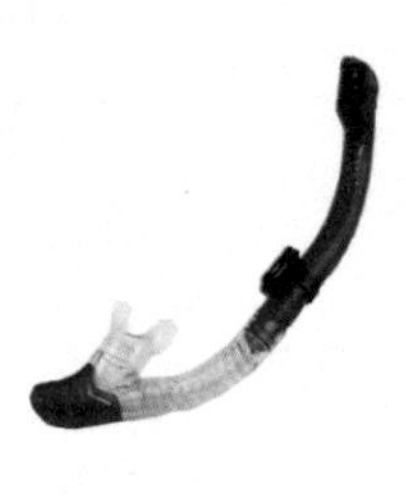

(3) 全干式

在管前设只出不进的活门，保持管子不进水。在管子上方进气的部位，加装了一个单向进气阀，称为全干呼吸管，因为有这个单向阀，即使管子整根在水里，也不会进水。

5.耳塞

耳塞是游泳活动中防止耳朵进水的辅助工具，硅胶材质的耳塞佩戴较舒适，接触耳道的那一面会比较光滑，带了耳塞游完泳后可以用棉签轻轻擦拭耳道中的水，然后滴点耳油可以预防较敏感的耳朵感染发炎。如果采取的泳姿耳朵不易进水，可选择不使用耳塞。

6.鼻夹

在游泳的时候戴鼻夹的主要目的是防止水倒灌入鼻腔，造成呛水和鼻腔不适，因此如果短时间潜水或初学者，可以考虑适度戴鼻夹。但如果在游泳过程中一直戴着，鼻夹不但不能帮助我们，反而有可能损害鼻腔内部的鼻黏膜。

7.手蹼

手蹼为提高游泳技术的训练辅助物，可以增加臂力和提高速度，常用于短冲加力训练。

(1) 手蹼的作用

使用手蹼可以增加手掌的水平面，从而增强整个划水阶段的水感。划臂时，手蹼有助于体验各自划水分阶段适当的划水角度。如果使用得当，手蹼对神经肌肉系统的学习会起到一定的实质性作用。用手蹼重复练习划水会使手的划水角度自然而然地得到调整，尤其是对一次也没有用划水掌练习过划水的人来说，效果会更好。

(2) 使用手蹼的注意事项

①宁可使用小的手蹼，也不要使用大的，要使用比手掌略微大点的手蹼；

②最好去掉固定腕部的胶皮箍，只留下固定一个手指的胶皮箍；

③在数周时间内，缓慢地逐步增加手蹼的使用时间；

④使用手蹼时，要着重于完善划水技术；

⑤要在热身后使用手蹼，当感到疲劳时，就不要再使用手蹼了；

⑥使用手蹼的时间要限制在游泳锻炼时间的 25%。如果过分使用和没有教练的监督，手蹼就会成为游泳中隐藏着缺陷的拐杖。

8.脚蹼

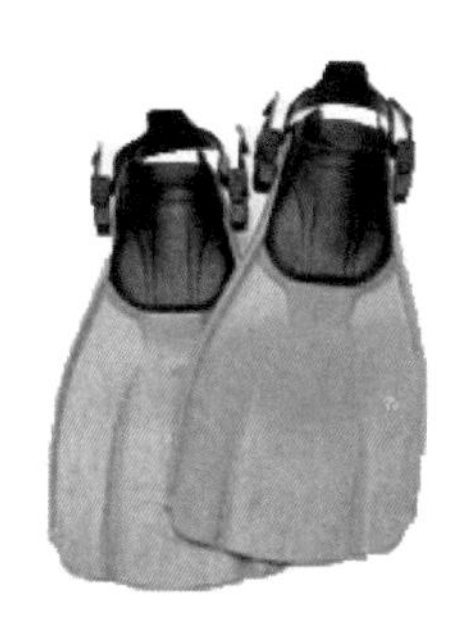

脚蹼可为游泳、潜水提供强大的前进动力，脚蹼宽大的面积能提供强大的动力，不必靠划动双手以产生动力，可以使双手解放出来从事其他工作。大而坚硬的脚蹼使用起来速度快，但容易疲劳和抽筋；小而柔软的脚蹼缺少推动的力量。选择脚蹼要根据体型、体力和潜水的环境，重要的是舒服和合适。

类型	无跟型	无跟脚蹼要与潜水靴一起使用
	套脚型	套脚型脚蹼一般用于温暖水域或浮潜
结构	龙骨	用来增加脚蹼的硬度和平衡
	排水孔	减低对脚蹼的阻力以增加效率
	导流沟	让水平滑地滑过脚蹼,增加速度

9.游泳圈

游泳圈与救生圈相似，加气即有浮力。游泳圈属水上玩具，重量轻、易破损、易漏气、抗压能力差、易爆裂，塑料表面遇水湿滑，难抓握，只能在水上休闲运动中起辅助或保护作用，带到深水区具危险性。

游泳圈作为充气水上玩具，需谨慎使用，一般的充气游泳圈适合 5 岁以上小孩及成年人使用；各种可坐式游泳圈适合 2–4 岁小孩。另外，切不可将塑料充气游泳圈在泳池深水区或天然河道、湖泊、海里使用，以免发生意外。

使用游泳圈要注意!	
一看	看厂名、厂址、生产日期和安全警示语等是否齐全
二摸	要挑选圈体材料有一定厚度的,接缝处要平滑。劣质塑料材质会导致破损、漏气、爆裂等一系列问题
三闻	不要购买圈体材料有异味的，劣质的游泳圈产品甲醛等化学成分含量过高,会令皮肤产生过敏症状

小贴士
XIAOTIESHI

如何挑选游泳圈

按照《QB1557–1992 充气水上玩具安全技术要求》的有关规定，市面上出售的玩具充气式游泳圈须在醒目位置标注“非救生器材，需在成人监护下让孩子使用，小孩的身高要与水深相适应”等安全提示字样。《国家玩具安全技术规范》也规定，儿童泳具包括泳镜、救生衣等，都必须贴有国家强制性产品认证——“3C”认证标志，并对重要警示、适用年龄、适用场所、使用方法、所用材质的安全性等做出说明。

选购技巧:

游泳时救生设备的质量好坏很重要，切莫大意。一般的充气式游泳圈只是一种水上充气玩具，与救生圈是有区别的。而真正的救生圈和救生衣在生产中对所用的泡沫、塑料等物理性、化学性能都有明确的要求，对产品的强度与硬度都有一定规范。所以购买时最好要看看有没有安全标识。自制的救生设备，得确保材料耐磨损，浮力好。

如果你是在浅水游泳池游泳，对救生设备的要求不是很大，游泳圈还是能够满足需求。不过无论是游泳圈还是正规的救生设施，在游泳之前，都要仔细检查清楚，看看是否存在漏气、裂缝之类，因为不怕一万，只怕万一。

泡沫的（泳具）你必须看它四周比较完整，不要有什么损坏损伤，如果这样一个泡沫救生圈就不能用了，就比较危险。按照《充气水上玩具安全技术要求》的有关规定，市面上出售的玩具充气式游泳圈须在醒目位置标注“非救生器材，需在成人监护下让孩子使用”等安全提示字样，一定要注意查看标志，千万不要购买“三无”产品，同时，购买时应注意索要并保存发票。

为避免发生意外，所有的充气游泳圈都不要充气过量或充入高压气体。在携带或充气过程中，不能与锋利物体接触。不要在深海、急流地方使用。放置时间过长，游泳圈都会有缓慢消气的现象，所以要注意随时充气。买游泳圈先擦亮眼睛，对于用汽车橡胶内胎制成的游泳圈，专家认为，这样的泳圈大多质地粗糙，气门嘴长而硬，很容易对皮肤造成伤害，不适合当作游泳圈。

（中国安全科技网）

第二节　救生装备　护航生命

救生装备是否符合规格、配备是否合理，直接涉及水域活动安全系数的高低，当发生溺水事故，及时运用救生装备将极大地减少悲剧的发生。

身边的案例

【救生圈不“救生” 7 岁女孩溺水就因救生圈太大】

“怎么样？怎么样？小孩有没有什么事？”姨妈带着哭腔着急地问救生员杨师傅。昨天傍晚六点多，7 岁的妞妞（化名）和表姐、姨妈一起去游泳池游玩，在湿滑的泳池边，妞妞一不小心就掉进了水里，幸好被及时救起，没有生命危险。

妞妞今年才 7 岁，1.2 米左右的个头。泳池里除了儿童戏水区，最浅的地方 1.4 米，最深 1.5 米，足够没过妞妞的头。表姐会游泳，在水里玩了起来，妞妞套在救生圈站在岸边。岸边湿滑，姨妈一个没注意，妞妞竟然扑通掉进了水里。幸好表姐眼疾手快，一把把妞妞托了起来，救生员杨师傅从二十几米远的地方跑过来时，姨妈已经把妞妞一把拉上岸了。

杨师傅说：“当我赶过来时，小女孩被她姨妈救了上来，但人还是处于昏迷状态，我马上疏散周围围观的人群，然后打通小女孩的气道，做人工呼吸和胸腔按压等抢救，小女孩吐了几口水，很快就醒了，没什么大事，准备再给她做排水抢救时，救护车来了。”

王师傅是游泳池的巡视员，从医院回来后，王师傅告诉记者，小女孩已经无大碍。“妞妞当时是套着救生圈站在岸边的，妞妞人太小，救生圈太大，掉下去的时候妞妞从救生圈中间滑下去才会溺水的。”“孩子用的救生圈，大小一定要合适，太大的话，孩子是很容易滑出救生圈的。”（来源：2010-07-20《浙江在线》 作者：何笑琳 吴敏）

【安全寄语】游泳圈不等于救生圈，要根据年龄选择符合规格的游泳圈，也只有合适的救生圈才能救生。

安全警示

根据《中华人民共和国国家标准（GB19079.1-2003）体育场所开放条件与技术要求》，救生器材的配备应符合下列规定：天然游泳池有救生船、救生圈、救生杆；人工游泳池有救生圈、救生杆、救护板和护颈套。

危机预防

救生装备有其法定的规格，在购买或配备时需要认真核对，以确保危急时刻可以正常使用。

1.救生衣

救生衣又称救生背心，是一种救护生命的服装，设计类似背心，采用尼龙面料或氯丁橡胶、浮力材料或可充气的材料、反光材料等制作而成。一般使用年限为 5~7 年，是船上、飞机上的救生设备之一。常见救生衣一般为背心式，用泡沫塑料或软木等制成，穿在身上具有足够浮力，使落水者头部能露出水面。

(1) 救生衣的分类

分类标准	要点
用途	船用、海用和航空用
样式	除了常见背心式救生衣外,还有脖挂式、腰挂式、腰包式、保暖式等样式的救生衣。
工作原理	泡沫式救生衣:是指用尼龙布或氯丁橡胶做的面料,中间填充泡沫板等浮力材料,穿在身上具有足够浮力,使落水者头部能露出水面。
	充气式救生衣：又分为自动充气式救生衣和手动充气式救生衣两种类型,这种救生衣采用高强度防水材料制造而成,充气式救生衣主要由密封充气式背心气囊、微型高压气瓶和快速充气阀等组成,在有掉入水中可能性的工作中经常使用。

（2）救生衣的选用

救生衣的选用要注意以下几点：

①应尽量选择红色、黄色等较鲜艳的颜色，因为一旦不慎落水，可以更容易的被救助者发现。

②在救生衣上应该有一枚救生哨子，以让落水者进行哨声呼救。

③除面料颜色采用比较鲜艳的颜色外，救生衣两肩头处应装有反射板。

（3）两种常见救生衣的穿法

生活中常见的救生衣为泡沫式救生衣，也是船用、海用的常见救生衣，飞机上所用为充气式救生衣。

①泡沫式救生衣穿法

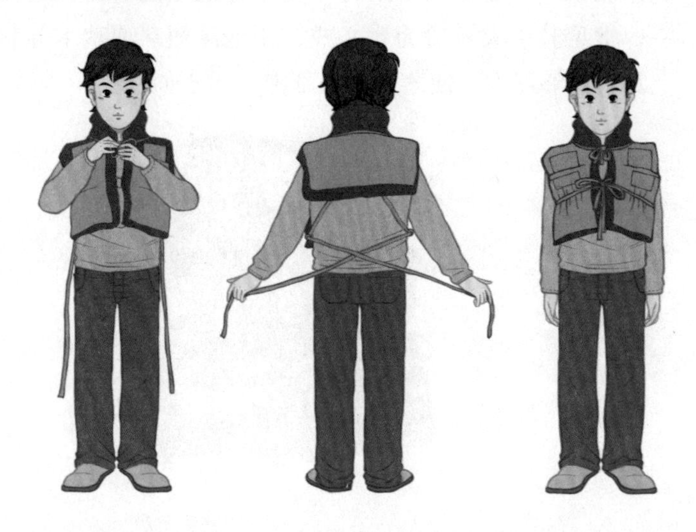

A.把救生衣套在颈上，将长方形浮力袋置于身前，系好领口的带子。

B.将左右两根缚带分别穿过左右两边的扣带环，绕到背后交叉。

C.再将缚带穿过胸前的扣带环并打上死结。

注意：

A.有的救生衣仅在一面配置了反光膜，如果把反光膜穿在里面，就发挥不了作用。

B.要将带子打死结，以免跳水时受到冲击或漂浮较长时间而松开。

②手动充气式救生衣穿法：

A.把头套进救生衣内。

B.把左右两侧的带子绑死结。

C.拉动左右两侧的拉索，充气阀打开，救生衣在数秒钟内充气。飞机上的手动充气式救生衣还附有多种配件：方位指示灯、哨子、镜子等，其中方位指示灯的电源是由海水激活，供电时间可超过12小时。

2.救生浮球

救生浮球为一个醒目的橙色气囊，用长长的带子拴在使用者的腰间，被人们形象的称为“跟屁虫”。这种救生浮球是国际泳联和中国泳协指定的救生设备，采用了双气囊的设计，不会影响游泳者游泳，而且比救生圈安全，在使用上，也更为方便。救生浮球带子的长短很好控制，不容易被缠住，而且“跟屁虫”颜色醒目，在水中可以作为救生标志。

救生浮球适合户外长距离游泳使用。泳包双气囊设计，更具备安全性，在使用过程中舒适安全，无佩带感觉，不影响游泳爱好者在游泳时的动作。当泳者在游泳过程中发生体力不支、腿脚抽筋、呛水等情况时，可将泳包压入水中借助浮力处理不适。

(1)主要材质

救生浮球采用环保超厚PVC材质，厚度达0.55mm，重量达460g。软质防寒面料的设计使冬泳爱好者在使用时也不会发生泳包变硬现象，依然能保持柔软状态。

(2)使用方法

①将衣物、手机、食品等装入中间的气囊内；

②将边圈的主气囊充气至饱和状态；

③将中间的装衣物气囊充气至饱和；

④将连接袋调整好后一头系在把手上，一头系在腰上。

(3)主要作用

游泳时遇到以下情况，可使用“跟屁虫”游泳浮漂。

①游泳时体力不支；

②游泳时腿脚抽筋；

③游泳时呛水；

④游泳时离岸太远；

⑤游泳时需要补充食物或者水分。

可抓住游泳浮漂压入水中借助浮力稍作休息，待消除不适，体力恢复后，即可继续游泳。

(4)主要分类

救生浮球的种类和形状归纳起来，主要有以下四大类。

类别	作用	适用区域
橄榄球式	这是最常见浮漂，该种游泳浮漂适合游泳池、河里、湖里	风浪不大的水域
飞碟形	游泳浮漂内置储物仓，适合于户外游泳时不放心放衣物在岸边的游泳爱好者	风浪不大的水域，需装东西
枕头形	这种游泳浮漂浮力大，因其边上有绳子易在水中抓取，常用于大风浪的公开水域	风浪大的水域，不需装东西
圆柱形	因其浮力大，可装衣物等特性，常用于长距离漂流游泳、冬泳等时候使用	风浪不大的水域，需装东西

3.救生圈

救生圈是一种水上救生设备，通常由软木、泡沫塑料或其他比重较小的轻型材料制成，外面包上帆布、塑料等。供游泳练习使用的救生圈也可以用橡胶制成，内充空气，也叫

作橡皮圈。

(1)救生圈的分类

类别	工艺
整体式救生圈(A型)	采用圈体一次整体成型工艺制造的救生圈
外壳内充式救生圈(B型)	采用圈体外壳整体成型、内部填充材料的工艺制造的救生圈

(2)规范要求

特征	要点
外观	①外表颜色应为橙红色,且无色差。 ②救生圈表面应无凹凸、无开裂。 ③沿救生圈周长四个相等间距位置，应环绕贴有50mm宽度的逆向反光带。
尺寸	①外径应不大于800mm,内径应不小于400mm。 ②外围应装有直径不小于9.5mm、长度不小于救生圈外径四倍的可浮把手索。此索应紧固在圈体周边四个等距位置上,并形成四个等长的索环。
重量	①重量应大于2.5kg。 ②配有自发烟雾信号和自亮浮灯所附速抛装置的救生圈，重量应大于4kg。
材料	整体式救生圈的材料和外壳内充式救生圈的内充材料应采用闭孔型发泡材料。
性能	①应耐高低温,无皱缩、破裂、膨胀、分解。 ②从规定高度投落后,应无开裂或破碎。 ③应耐油,无皱缩、破裂、膨胀、分解。 ④应耐火,不应燃烧或过火后继续融化。 ⑤应能支撑14.5kg的铁块在淡水中持续漂浮24h。 ⑥在自由悬挂情况下，应能承受90kg重量持续30min而无破裂和永久变形。 ⑦对于配有自发烟雾信号和自亮浮灯所附速抛装置的救生圈,释放时应能触发该装置。 ⑧当救生圈被自由的悬挂时的时候，它应该是可以在30min承受90kg的重物的,且在这一时间段内,救生圈不会破裂,更不会变形。
属具	救生圈可配有属具,包括可浮救生索、自亮浮灯或自发烟雾信号。

4.腋下救生器

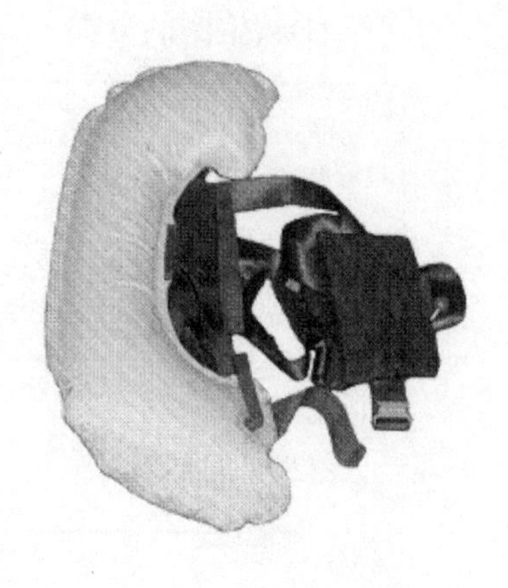

腋下救生器主要由浮筒、救生器包、充气机构、二氧化碳气瓶、水中救生电池及背带等组成，位于使用者的左右腋下，包装状态体积小。

腋下救生器是一种在江河湖海上所使用的救生装备。当水手或飞行人员在江河湖海上失足落水或跳伞时，通过手动操作或落水后自动系统工作，使救生器浮筒迅速充气膨胀，产生浮力，将人的肩部以上身体浮出水面，从而达到救生目的。

5.救生抛投器

救生抛投器是以压缩空气为动力，向目标抛投救绳索及救生圈的一种救援装备，又称：气动救生抛投器、气动缆索抛绳器、救援用气动抛绳器、锚钩发射器、射绳枪、射锚枪、锚钩枪、船用抛绳枪。

救生抛投器主要用于海边、江边、湖边、河边、冰面等水上作业场所，可实现超远距离水上作业，适用于绳索连接、抛投水用抛绳、救生圈及其他救生设备和锚钩作业等。

小贴士
XIAOTIESHI

浮力等级

救生浮具和救生衣的浮力等级是不同的。应考虑到浮力等级问题，并据此做出选择。主要的浮力等级有四个：50、100、150和275级。

总体而言，需要帮助时触手可及的救生浮具为50级，而离岸航行或动力艇的通用救生衣为150级。

浮力等级信息表包括了更详细的浮力等级信息，以及个人漂浮装置的分类。

婴幼儿及儿童应选择适用于他们的专用救生衣。

请记住，充气式救生衣和救生浮具若不工作就毫无用处。必须根据制造商的说明定期进行检查和保养。

（精艇网）

Chapt 2

救溺技能篇

JIUNI JINENG PIAN

第三章
自救常识

知识要点：

突发危机　重在冷静
抽筋勿慌　科学应对
简易浮具　救命工具
自救泳姿　危时自保

第一节　突发危机　重在冷静

在突发溺水案例中，很多溺水者最终遇难的原因都是因为遇险时惊慌失措，缺乏应对。

身边的案例

【温州两大学生游泳消暑　滑入深潭溺水身亡】

18日，在永嘉县上塘陡门村一深水潭发生一起意外，两名在校大学生在游泳消暑时不幸遇难。

8月18日中午12时许，上塘派出所民警接到村民报警称，有人溺水了。当民警赶到现场后，发现一名溺水者躺在水潭边的岩石上，口吐白沫。而附近的村民告诉民警，水潭里还有一个人。

于是民警立刻拨打120求助，同时对岸边的溺水者实施急救措施，另一个民警则纵身跳入深潭中搜寻溺水者。没过多久，就在乱石堆边发现了另外一名溺水者。随后两名溺水者立刻被送往县人民医院进行抢救，但依然回天乏术，两人经抢救无效死亡。

据了解，两名溺水者都是永嘉人，均为在校大学生，暑期放假在家，因天气炎热下水潭游泳，自恃水性好，不想失足跌入深水区。据村里老人估计该水潭深浅不一，最深处约有8m。

在此，警方提醒，游泳消暑不要独自一人外出游泳，更不要到不摸底和不知水情自然水域去游泳。发现有人溺水，应积极施救，但是如果不熟水性，不要贸然下水，以免酿成更大悲剧。

……

据说，由于这里一些水潭的水质非常好，很多人都在此游泳，两人便相约到此游泳。当天，他们两人选择了距离大溪村3000m处的一处水潭下水。其间，一人不慎滑入了水潭深处，惊慌之下赶紧喊救命，另一人奋不顾身向其游了过去，结果两人双双遇险。等到附近几个村民闻讯赶到，无奈已是迟了一步。（来源：2013-08-20 温州网 作者：上官吴君 潘涌）

【安全寄语】 自恃水性好，遇险依然惊慌，最后导致两名大学生双双遇难，血的教训提示我们，在水域危险面前，基本的游泳技能固然重要，沉着冷静的心理素质也必不可少，只有科学应对，才能尽可能避免悲剧的发生。

安全警示

什么导致了野外溺水？

野外溺水原因总结起来可分为个人因素和环境因素：

溺水因素	具体内容
溺水个人因素	◇因呛水而慌乱，影响泳姿造成溺水； ◇误入深水区； ◇游泳运动过度引起体力不支或呼吸配合失调造成生理缺氧，如抽筋、腹痛等。
溺水环境因素	◇水底岩石湿滑、滚动、间距大； ◇水温差异大，水温过低； ◇漩涡暗流； ◇河床差异； ◇暴雨引起山洪暴发。

危机预防

“有备”才能“无患”，人在危急时刻下意识的反应更多的来自于日常的积累与训练，只有了解水中意外的正确处理步骤并在平时生活中有意识的勤加练习，才能在危险面前第一时间作出正确应对。

1. 腹痛应对

游泳时发生腹痛的现象一般是因水温较低或腹部受凉所致。作为预防措施，入水前应充分做好准备工作，如用手按摩腹脐部数分钟，用少量水擦胸、腹部及全身，以适应水温，如水中发生腹痛应立即上岸并注意保暖，还可服藿香正气水，一般腹痛会渐渐消失。

2. 冷水求生

若因翻船或其他原因突然落入冷水中，为了减少寒冷、增加生存机会，明智做法是：

①保持冷静，三思而后行；

②不要离开船只，可跨坐在船上，或者以自救泳姿、漂浮物使自己浮于水面；

③将头部伸出水面，并做出呼救姿势；

④尽可能保持静止状态；

⑤吹响救生衣上的哨子，呼救。

3. 水草缠身自救

如果不幸遇到水草或渔网缠绕，一定要保持冷静，千万不要挣扎。在这种情况下只有保持冷静，才有机会解脱。缠绕发现得越早越容易解脱，被缠绕后，首先应放松身体，观察缠绕情况，寻找解脱的方法。水草和缠绕的绳尖会随着身体的放松而向外向上扩散，只要仔细寻找根源就会解脱。

4. 漩涡自救

有漩涡的地方，一般水面常有垃圾、树叶杂物在漩涡处打转，只要注意就可早发现，应尽量避免接近。如果已经接近，因为漩涡越深处吸力越大，越往上层边缘处吸引力较弱，不容易卷入面积较大的物体，所以切勿直立踩水，应立刻平卧水面，沿着漩涡边，用爬泳快速地游过。若是较浅的漩涡，例如溪流冲击所形成的小漩涡，且无漩涡眼，则可设法潜水脱困。

5. 疲劳过度自救

觉得寒冷或疲劳，应马上游回岸边。如果离岸甚远，或过度疲乏而不能立即回岸，就仰浮在水上以保留体力，举起一只手，放松身体，等待救援。如果没有人来，就继续浮在水上，等到体力恢复后再游回岸边。

6. 水中脱衣

冷天时意外落水，衣服尽量不要全部脱掉，可在衣服灌满水后，将衣服上所有口如袖口、领口等扎紧，裤腿塞进鞋袜，衬衣、外衣尽量塞进裤子里，减缓水的循环，使水在衣服内保留尽可能的长时间，这样可对身体起到保温作用。

当水温较高时，若衣着整齐落水，离岸边近时可直接游回，离岸较远且不太会游泳时，则必须在水中脱去衣物，以减轻负荷。脱衣时，保持冷静，先脱去最妨碍活动的衣物，切忌胡乱撕扯，需要按照一定顺序进行。

水中脱衣程序是：第一，作水母状或熟练运用踩水技术；第二，解开鞋带脱去鞋子、再脱去长裤、最后脱上衣。解开所有的扣子、拉链、绳扣时用一只手解，另一只手臂保持在水面，间或帮助一下；第三，每个动作都要快速、利落，尤其是脱套头衣服时，更要迅速，避免喝水、呛水。

脱衣方法	
脱外衣	一面踩水，一面速将纽扣或拉链解开，然后将手伸到背后，用右手去脱左袖，再伸到前面用左手脱去右袖。如果是套头装，应先向上卷脱，至头部时，吸一口气将头没入水中，迅速将外衣拉下，衣服如果是人造纤维材料做的，在脱过头部时要小心，不要使衣物盖住脸部。
脱鞋、袜	以水母漂姿势，先松鞋带，一腿向上屈膝收腿，一手抓住鞋后跟或袜口，快速脱掉，用同样方法脱掉另一只。

续表

脱衣方法	
脱长裤	先完全解开,一手抓裤腰,一腿屈膝抽出,用同样方法脱掉另一裤腿。
脱前开身衣服	解开所有衣扣或拉链,拉开衣服,一侧肩上耸,由下面上抽出一只手臂,然后向异侧稍转身,脱掉另一支衣袖,如果是紧袖口,另一只手帮助。
脱羊毛套衫、短袖套头衫或类似衣服	先将衣服卷至腋下,然后掀起前襟,快速放至脑后,露出头部,此时要快,并屏住呼吸,最后脱下衣袖。
脱长袖套衫及类似衣服	先脱下一支衣袖露出手臂,再用上述方法脱露头部,再脱另一衣袖。

小贴士
XIAOTIESHI

✕ 逃生误区之汽车落水		✓
误区一： 车辆落水后，会立即沉入水中，车内的人甚至没能发出求救的喊声。	⟹	正解： 车辆落水后，水会慢慢涌入，车内乘员有足够的时间逃生。
误区二： 不要在水压很大的时候去敲碎玻璃，玻璃一碎，水就会夹着碎玻璃冲向车内。	⟹	正解： 与逃命相比，命比皮肤更重要。
误区三： 方向盘容易卡住脚，建议驾驶员从副驾驶座位处逃生。	⟹	正解： 哪里近就从哪里逃。
误区四： 汽车入水过程中，车头较沉，车尾上翘，应尽量从车后座逃生。	⟹	正解： 直接逃出更快捷方便。
误区五： 落水前，驾驶员应迅速按下遥控钥匙上行李箱解锁键两下，然后放倒后排座椅，从内打开行李箱仓门逃生。	⟹	正解： 既然有时间打开行李箱锁，不知道直接开门跳车？
误区六： 如果有条件，可找大塑料袋套在头上，在脖子处扎紧，塑料袋内的空气可以用作你上浮的氧气。	⟹	正解： 放一个医用氧气袋，也未必够用。
误区七： 在车内即将进满水的刹那，做一个深呼吸，迅速打开车门或者车窗逃生。	⟹	正解： 逃生要趁早。
误区八： 打开天窗，从天窗逃生。	⟹	正解： 有洞有门，优先走门。

（爱卡汽车网）

第二节　抽筋勿慌　科学应对

抽筋又称痉挛，当肌肉受到神经组织的刺激引起肌肉收缩或血管受压迫而使血液循环不畅时，会引发抽筋的现象。抽筋在水域活动中时有发生，也是引发水域安全事故的重要原因之一。

身边的案例

【一次难忘的溺水自救经历】

2008 年的暑假，姑姑带我去游泳。游泳池的人很多，水温很清凉，真舒服。

一下泳池，感觉在水里没有我想象的那样可怕，我鼓足勇气独自练起了游泳，记得爸爸曾告诉我，游泳时腿要用力往后蹬，头要抬起，就不会喝到水。但是我真正开始游的时候身体却浮不起来，连喝了几口凉水，看到旁边比我小的孩子都游得那么好，我有点羞愧，于是撇开姑姑，来到了深水区。

这次，我深吸了一口气，埋头游了起来。虽然成功向前游进了，但姿势确实太狼狈，扑哧扑哧打着水。突然，我小腿抽筋了，身子往下沉，我拼命想站起来，可怎么也踏不到地，我张口想喊，可怎么也喊不出，慌张中又喝了几口水。我拼命地挣扎，越挣扎越沉得快，心想这回肯定要死了！求生的本能让我想起了自救，我想起了安全教育课上老师说过，如果溺水首先应保持镇静，千万不要手脚乱蹬，正确的自救做法是落水后立即屏住呼吸，然后放松肢体，尽可能地保持仰位，使头部后仰，只要不胡乱挣扎，人体在水中就不会失去平衡，这样口鼻就最先浮出水面，从而进行呼吸和呼救。我照着老师的做法试了一下，结果一下就浮出了水面，我坚持吸气时尽量用嘴吸气、用鼻呼气，以防呛水。这时，姑姑游到我身边，把救生圈递给了我。

这次的溺水经历让我懂得，遇事要沉着冷静，想办法自救。如果实在不能自救，要保持体力等待救援。游泳一旦遇上腿抽筋，也并不可怕，关键是要全身放松，沉住气，不慌张，相信自己，就能自救成功。（来源：根据 2010-8-2《江门日报》第 7611 期 D7 版《一次难忘的溺水自救经历》改编）

【安全寄语】抽筋时会使游泳者原有的能力丧失且疼痛不已，泳者因紧张、恐惧而导致溺水事件，案例中的小孩作为一名初学者，是不允许在无监护状态下到深水区的，更加危险的是他在深水区出现了腿部抽筋的现象，幸亏他及时冷静下来并牢记了安全教育课上的应对方法，才侥幸脱离险境。因此，掌握抽筋自解的方法是水中自救必备的能力。

安全警示

1. 抽筋的原因

①寒冷刺激：冬天在寒冷的环境中锻炼，准备活动不充分；夏天游泳水温较低；

②肌肉连续收缩过快：剧烈运动，全身处于紧张状态，肌肉收缩过快，放松时间太短，局部代谢产物乳酸增多；

③出汗过多：运动时间长，运动量大，出汗多，没有及时补充盐分，体内液体和电解质大量丢失，代谢废物堆积，局部血液循环不畅；

④负荷强度骤增或突然改变运动方式而引起肌肉急剧收缩；

⑤缺钙：血液中钙离子浓度太低，肌肉容易兴奋而痉挛；

⑥情绪过度紧张。

2. 抽筋持续的时间

一般而言，抽筋持续的时间不长，在 1 分钟以内者占 45%，5 分钟以内者占 39.1%，因抽筋时疼痛，一般会得到及时处理，因而持续的时间会相应缩短，5 分钟以上者不多见。

危机预防

抽筋对水域活动的威胁需要从两个方面着手解除，一是保证身体处于最佳状态，避免抽筋；二是一旦抽筋发生，能够从容应对，避免危及安全。

1. 抽筋的预防

①身体不适或疲劳时，不宜下水；

②水温过低时，不宜下水；

③下水前做准备运动；

④饭前、饭后或剧烈运动后，不宜即刻下水；

⑤随时补充盐分的消耗。

2. 抽筋的自解

①手指抽筋

手握拳，然后迅速用力张开，再迅速握拳，如此反复进行，并用力向手背侧摆动手掌。

②手掌抽筋

两个手掌手指交叉，然后反转使掌心向外，用力伸张。或者用另一只手用力握住抽筋手掌的四指用力向后压，直至恢复。

③上臂抽筋

将手握成拳头并尽量屈肘，然后再用力伸开，如此反复进行。

④脚趾抽筋

以水母漂姿势浮于水中，将抽筋的脚趾抵在另外一个脚的脚后跟上，用脚后跟压迫脚趾；或者用手握住脚趾，用力向抽筋部位的反方向按压，这两种方式可以暂时缓解脚趾抽筋症状，如果要完全排除，需用拇指用力揉捏抽筋脚趾的指腹肌肉部位。

⑤小腿抽筋：最常见，缓解方法也较多，这里介绍其中一种手法：深吸一口气，以水母漂姿势浮于水面，用抽筋腿对侧的手握住抽筋腿的脚趾，并将其向身体方向拉，同时用另一手掌压在抽筋腿的膝盖上，帮助小腿伸直，促使抽筋缓解；也可以将足跟向前用力蹬直，同时用一手握住抽筋腿的拇趾并朝足背方向扳拉，另一手轻轻按揉抽筋的小腿肌肉。

⑥大腿抽筋：可以仰漂姿势浮于水面，举起抽筋的腿，使其与身体成直角，然后双手抱住小腿，用力屈膝，使抽筋大腿贴在胸部，再以手按揉大腿抽筋处肌肉，并将腿慢慢向前伸直，抽筋即可缓解。大腿抽筋易复发，需休息并充分按摩抽筋肌肉后再下水游泳。

⑦胃部抽筋：大部分为饭后立即游泳所引起，因剧痛，身体会不由自主的屈膝至胸口，颈部下弯，呼吸困难，无法控制身体动作，极度危险，此时应保持镇定，立即大声呼救，若无人救助，应坚持双手划水保持上浮努力靠岸。

若抽筋通过以上方法仍不能缓解，应一面呼救，一面用可活动的肢体作打水动作游到岸边，游回时应改用别种泳姿。如果不得不仍用同一游泳姿势时，就要提防再次抽筋或加重。上岸后及时擦干身体穿衣保暖再进行按摩处理。

当救助者出现时，绝对不可惊慌失措地去抓抱救助者，注意呼吸配合，一定要听从救助者的指挥，作仰卧动作，让救助者带着游上岸，否则非但自己不能获救，反而会连累救助者。

"游泳五不"

不在水边危险区域玩耍；

不在无家长或老师的带领下私自下水游泳；

不擅自与同学结伴游泳；

不到无安全设施、无救护人员、无安全保障的水域游泳；

不到不熟悉的水域，如山塘、水库、水坑、水池等处游泳。

第三节　简易浮具　救命工具

进行水域活动需要配备诸如救生衣、救生圈之类的安全装备，但如果是意外落水，或者安全装备损毁或丢失，我们又该如何应对呢？

身边的案例

【落入大海，如何自救？】

问题：

情况如下：

1.会游泳，但是离海岸线非常远，无法靠游泳回到岸边；

2.无法确定自己所处的海域，身上亦无通信工具；

3.孤身一人，身上没有食物和淡水；

4.身上没有伤口。

不知道在这种情况下还有没有自救的可能？如果有，如何自救或求救？

回答：

这里我随便说一点：我出生在海边城市宁波象山，我的外公曾经在四十多年前是渔民，他和他的朋友当时有那么一艘小船，人力的那种。

那天夜晚，在返回岸边的时候偶遇村中一艘大船，大船上的渔夫正好是邻居，所以商量着就带一程，大船放下绳子绑住我外公小船的桅杆，拖着走。那时候大约是晚上9点，拖了一个小时以后，船散架了。大船上的人却不知道，等到半夜有船员出来小解才发现我外公他们不见了，马上报告船老大。船老大当机立断停船，等天亮了再回去找。第二天清晨，原路返回，清晨7点左右，我外公和他朋友被发现了，他们趴在一块木板边上，还活着……（来源：2014-12-29 知乎网）

【安全寄语】相互鼓励固然重要，但那一块让人浮在水面的木板，也算是救了一条船上的人的命。出现意外，除了冷静应对，更重要的是找到一根“救命稻草”。为了让我们能够尽可能长时间的浮在水面等待救援，我们需要学会制作简易浮具，抓住救命工具。

安全警示

浮具可分现成和自制的两种，现成的浮具很多，如救生圈、救生衣、木块（板）、手提袋、球类、面盆、水手袋、手提箱、空水壶乃至水中漂浮的杂物等；自制的浮具通常由身上的衣物制成，如果着衣掉入水中，在水温较高或妨碍动作施展时，可以将身上多余的以及容易吸水、浸水后会越来越重的衣物脱掉，比如羊毛织品等。而像尼龙、棉布、天然的或人造纤维等材质细密的布料所做的衬衣、夹克衫、裤子等可用来做浮具。总之若落水，应尽快游向水中凸出物、漂浮物或迅速自制浮具，以尽可能长时间的浮于水面等待救援，或者依靠浮具择机游向岸边。

危机预防

那么，用身上的衣物制作简易浮具可以如何操作呢？

1. 上衣漂浮法

（1）不脱衣服：将第一个扣子扣紧，吸气吹在第一个扣子和第二个扣子之间的缝隙里，如此，背部可浮起一大气泡。

（2）脱下衣服：边踩水或者采取水母漂方式，脱下衣服，扎紧衣袖，再将胸部扣子反扣，抓着衣角，扑向水面上，如此胸前可浮起一大气泡。

2. 裤子漂浮法

将裤子脱下，扣上纽扣或拉链，扎起两裤角，撑开裤腰，双手交叉抓紧裤腰放于头后，然后快速由头后向前迎风，将裤腰撑开盖在水面，从而使两裤管内充满空气而鼓起。若裤管内空气不足时，可一手将裤腰处稍微打开，另一手则在裤腰打开处拍击水面，使空气重新进入。制作好浮具后，将头部夹在两个裤管之间，即可利用浮力漂浮。

3. 裙子漂浮法

若为女士，可使裙子下摆漂到水面上，并尽力使其内侧充气。

如下图制作浮体。

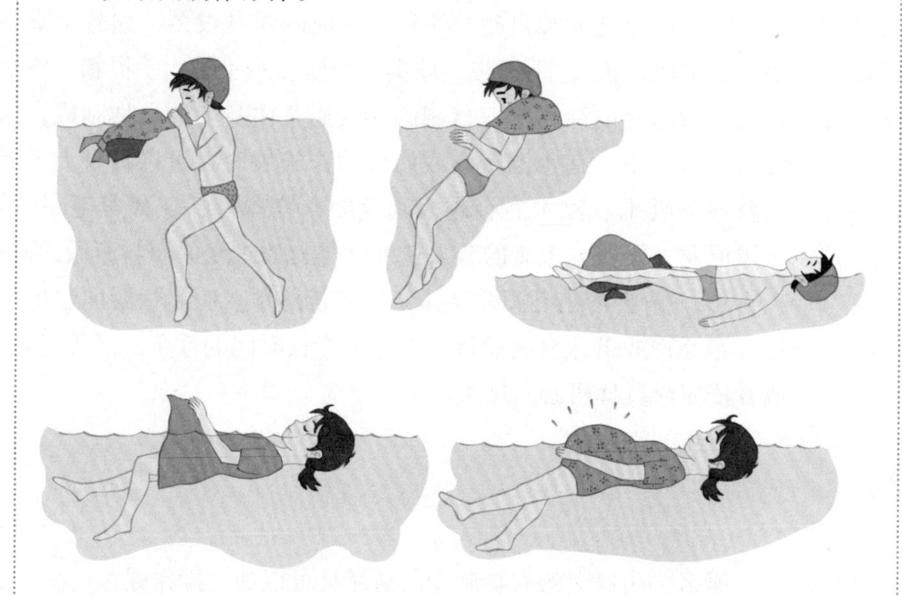

4. 长筒靴浮体

用长筒靴作浮体时，先倒净靴中的水，然后由上往下倒置水中即可当作浮体使用。

水中如何自救？诀窍：切记不能重呼吸

若你不会游泳，又耐不住酷暑，想下水凉快凉快，却不小心发生溺水事故，该如何自救呢？老邓在部队服役时长期从事江河、海的自救与互救训练，对水中的自救与互救经验丰富。他说，自救的话首先不要慌张，要特别冷静。一慌张，更增加了呛水的机会。在自救的过程中，要尽量将身体仰面展平，将自己的脸和鼻尽量露出水面，然后浅呼吸，切记不能重呼吸，因为深吸气时，人体浮力会变小。尽可能用手掌向下压水使身体浮于水面，等待他人救援。切记千万不能将手上举或拼命挣扎，这样容易更快下沉。

（来源：2013-07-24《南方日报》）

第四节　自救泳姿　危时自保

如果不幸在水中出现意外，应积极自救；如果同伴或路人水中遇险，应在确保自身安全的情况下积极施救。掌握自救与救生的基本技能，给自己和他人一次新的生命。

身边的案例

【常德11名“准大学生”赴同窗升学宴4人下河2人溺亡】

常德桃源的一户人家，为了庆祝孩子小刘考上大学，举办了升学宴，小刘的同学结伴赴宴，一片喜庆祥和。哪知宴会还未开始，就有两名参加喜宴的同学溺亡，一场喜剧变成了悲剧。至23日凌晨，两名同学的尸体才被打捞上岸，家长抱着孩子僵硬的尸体哭得不成人样，附近群众也哀叹不已。

22日上午11时许，桃源县茶庵铺派出所接群众报警称该镇松阳平村河边有2名学生沉入水中，一直不见浮出，疑为溺水身亡。

……

至下午2时许，大家终于把一梅姓同学救上岸来，但早已没有了生命特征，可另一张姓同学仍没有探到。群众和打捞人员没有气馁，潜入水中继续摸探、搜寻、打捞，直到23日凌晨一点，终于捞到张姓同学的尸体。

经查，常德鼎城区11名金榜题名的学子结伴前往桃源的茶庵铺区吃一同学的升学宴，因饭点未到来到河边散步，其中4名同学一时来了兴致，下河尝试游泳乐趣，梅某和张某2人不熟水情不慎游入深水区，想奔命时手脚不听使唤，挣扎一番后，最终沉入河里。两名溺水身亡的学生均只有18岁，本来过几天就要上大学，开启人生新的篇章。

民警提醒，游泳不要私自到江、河、湖等水情不明或比较容易发生溺水伤亡事故的地方去游泳，游泳消暑务必要到有救生员及水质合格的游泳池。同时，下水前切勿太饿、太饱，更不能饮酒，先做充分的热身运动，不要在过于冰冷的水中游泳，时间不宜过长。如遇人溺水，没有把握不应下水救人，可一面大声呼救一面利用竹竿、树枝、绳索、衣服或漂浮物等抢救。（来源：2015-08-25 红网 作者：郑江晖 李协军 涂定平 余龙之)

【安全寄语】 危急时刻，他人的救援往往不会那么及时，因此，求人首先求己，掌握自救方法，才能为获救赢得时间与机会，不慌张、用技能，力求生命转机。

安全警示

水中发生意外，通常有两个原因：(1)惊恐慌张：人们身处险境时，因紧张而导致肌肉收缩、身体僵硬，以致活动力降低。(2)体力耗竭：惊慌导致应对乏力，无目的的不断的挣扎，易将体力耗尽，减少生存的机会。

出现溺水征兆，首先要保持镇静，看清方向，呼吸协调，保持体内最大肺活量，冷静分析自己所处环境，并利用自身浮力或身边一切可利用的物品来自救求生。水中自救的基本原则立足两条：

一是保持体力，以最少体力在水中维持最长时间，为此必须缓和呼吸频率，放松肌肉并减慢动作，不可手脚乱蹬拼命挣扎，这样只能使体力过早耗尽、身体加速下沉。

二是充分利用身上或身边任何可以增加浮力的物体，使身体浮在水面，等待救援，为此必须快速且冷静的脱去吸水性强且妨碍求生的衣物以减重，并利用适宜材料的衣物或其他物品制作简易浮具。

危机预防

常见的水中自救法有“水母漂”“仰漂”“十字漂”“踩水”“韵律呼吸”等，在日常戏水过程中对这些自救技能勤加练习，在危机时刻就可以下意识的及时做出最佳选择，自如的进行运用，从而成功自救或为获救赢得时间。

1. 水母漂

水母漂有两种姿势，一种为双手下垂，另一种为双手抱膝。采取双手下垂姿势时，吸足气后，脸向下埋入水中，双脚与双手向下自然伸直，与水面基本垂直；全身放松，不做胡乱挣扎，使身体表面与水面接触面积加大，以增加浮力，使背部露出水面如龟状；漂浮一段时间再抬头吸气，当换气时，双手向下压水，双脚前后夹水，再抬头，利用瞬间吸气，继续成漂浮状态；同时，应将双眼张开，以消除恐惧，另外，头在水中时，应自然缓慢吐气，不可故意憋气，节省体力，确保在水中维持较长时间以等待救援。采用双手抱膝姿势时，膝靠着胸，其他动作要领同双手下垂的姿势。

2. 仰漂

仰漂方式很多，由易到难可分为垂直漂、大字漂、水平漂等。仰漂时身体放松，使肺内充满空气，屏住呼吸，头向后仰，放松肢

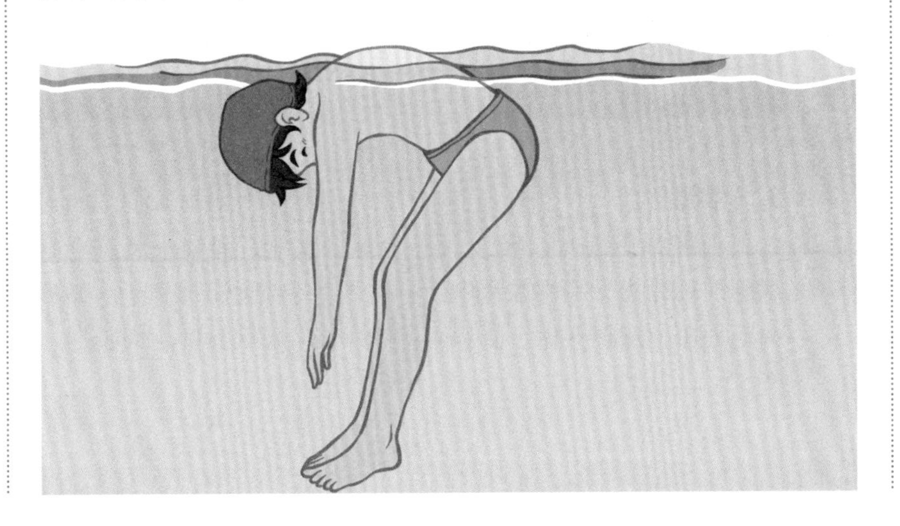

体，双手向两边摆成大字形，掌心向上，此时肺脏如同一个大气囊，屏气后人的比重比水轻，所以人体在水中经过一段下落后会自然上浮。或者双手慢慢向头上方并拢挺胸，加重背部重力更易上浮，当感觉开始上浮时，应尽可能地保持仰位，使头部后仰。只要不胡乱挣扎，人体在水中就不会失去平衡。这样凸出面部的口鼻将最先浮出水面，可进行呼吸和呼救。

换气时尽量用嘴吸气，用鼻呼气，原则是吸多呼少、吸深而悠长、呼浅且短暂。即短促吐气之后马上深吸气，并感觉腹部始终充满气并凸起成球状，只有肺的上半部参与呼吸换气，做到吸、屏、吐三个动作动作协调而缓慢，以防呛水。尽力的躺，不要想着坐起来，千万不要试图将整个头部伸出水面，这将是一个致命的错误。

3. 十字漂

十字漂浮是指：吸气后身体俯于水中，双臂平展，全身放松，双腿前后分立，漂浮在水中，身体像十字架型；换气时，双臂前移，向下划压，双腿夹拢，使身体上浮，借机吐气，并立即吸气。

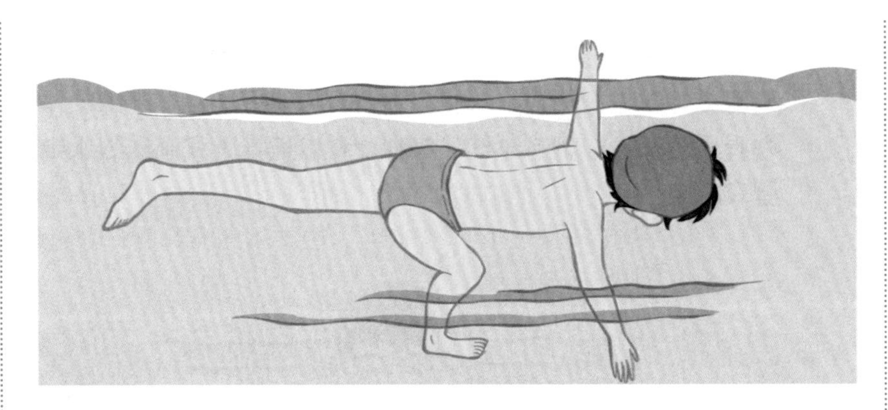

4. 踩水

踩水又称立泳，是最基本且实用的自救技术之一，可分为剪式踩水、车轮式踩水、蛙式踩水、搅蛋式踩水等四种。踩水以下肢的动作为主，头露出水面，双手至胸前做摇橹划水，划水时，手掌与水面略呈 45° ，以产生阻力增加身体浮力。

如果双脚向身后做剪水的动作，使身体漂浮水中则为剪式踩水，剪式踩水可分为单剪及双剪两种，单腿固定反复向前后剪水为单剪，双腿前后交互剪水为双剪。

双脚以踩自行车的动作踩水，为车轮式踩水。

双脚若是蛙式泳姿动作则称为蛙式踩水。

大腿保持与水面平行，双膝与肩同宽，如坐马桶状以增加浮力，双腿交替向左右侧踏，双膝分别适时弯曲做上提、下踩动作，或者左脚顺时针，右脚逆时针，双脚交替以搅蛋方式画圆划水则称为搅蛋式踩水。

踩水时，仅口鼻露出水面即可，手脚动作缓慢，身体保持平衡，身体略向前倾，以加大浮力面积，同时全身要尽量放松，手与脚的动作与力度不宜过大，达到正常标准 80%即可，避免收手收腿时吃力，影响动作协调性与连贯性。

5. 韵律呼吸

韵律呼吸是“不在救人，而在自救”的典型简易救生法，基本操作为：嘴巴先吸一口气，身体放松直立，双手上举至耳边，身体会逐渐往下沉，鼻子慢慢吐气，身体下沉至脚碰池底时屈膝，脚用力往上、往前蹬（如平地上往上、往前跳的动作），双手平举同时下压，身体会往上，头出水面时嘴巴吸气。

当不小心到水域较深处，可借由韵律呼吸这种身体上下跳动而移动，并运用嘴巴在水中吐气、水面上吸气的规律动作，把自己带到较浅处或岸边。

小贴士
XIAOTIESHI

遭遇暴雨洪灾该如何自救：

①一旦室外积水漫进屋内，应及时切断电源，防止触电伤人；

②可采用“小包围”措施，如砌围墙，大门口放置挡水板，配置小型抽水泵等进行防护；

③就近迅速向山坡、高地、楼房、避洪台等地转移，或者立即爬上屋顶、楼房高层、大树、高墙等高的地方暂避；

④如洪水继续上涨，则要充分利用准备好的救生器材逃生，或者迅速找一些门板等能漂浮的材料扎成筏逃生；

⑤不要单身游泳转移；

⑥不可攀爬带电的电线杆、铁塔，也不要爬到泥坯房的屋顶；

⑦发现高压线塔倾倒，电线低垂或断折，不可触摸或接近，防止触电。

(爱卡汽车网)

第四章 救生常识

知识要点：

基本救生　保护自我
救生泳姿　熟练掌握
徒手救生　共渡难关
冰上救生　沉着面对
岸上急救　赢得新生

第一节　基本救生　保护自我

乐于助人是中华民族的传统美德，媒体报道常见勇救落水者的鲜活案例，也不乏舍己为人的悲壮事迹，更让人痛心疾首的是救人者和被救生者双双遇难的人间惨剧。那么，水域活动中的救生究竟该如何进行，如何才能既能救人又能自保呢？

身边的案例

【荆州 10 余名大学生手拉手救落水者 3 人溺亡】

在古城荆州，在寒江救人的英雄赵传宇的母校长江大学，又涌现出一个英雄群体。昨日，为救两名落水少年，该校 10 多名大学生手拉手扑进江中营救，两名少年获救，而 3 名大学生不幸被江水吞没，英勇献身。昨日下午 2 时许，在荆州宝塔河江段江滩上的两名小男孩，不慎滑入江中。正在附近游玩的长江大学 10 余名男女大学生发现险情后，迅速冲了过去。因大多数同学不会游泳，大家决定手拉着手组成人梯，伸向江水中救人。

很快，一名落水男孩被成功救上岸，另一名男孩则顺着人梯往岸边靠近。就在这时，意想不到的一幕发生了：人梯中的一名大学生因体力不支而松手，水中顿时乱成一团，呼喊声一片。这时，正在宝塔河100m以外的冬泳队队员闻声赶来施救，冬泳队员杨师傅、韩师傅、鲁师傅等人陆续从水中救起6名大学生，而陈及时、何东旭、方招等3名大学生却消失在湍急的江水中。

事发后，长江大学领导迅速赶到现场，当地消防、海事部门也相继赶到组织搜救。由于该处地处江水回流区域，水流湍急，坡陡水深，浅处有四五米，最深处达十几米，经过1个多小时搜寻，陈及时被打捞上岸，医护人员现场进行全力抢救，终因沉江时间过长，未能生还。至下午5时50分许，另外两名大学生的遗体也被打捞上岸。

据目击者介绍，当时大家都忙着救落水的大学生，后来才发现获救的2名小男孩已离开现场。

荆州市委书记和市长获悉此事后，对大学生舍身救人的事迹表示敬意，并指示该市有关部门妥善做好后续工作。昨晚，校方已成立专班处理善后事宜。（来源：2009-10-25《楚天都市报》 作者：刘汉泽 王功尚 康群）

【安全寄语】大学生勇救落水儿童，用生命兑现了新时代青年对社会的承诺，证明了对社会的热血与责任始终在大学生的血液中代代相传。青少年的社会责任意识是我们社会进步的动力，而青少年本身则是我们社会的宝贵财富，希望我们的青少年能够掌握更为扎实的水域自救与救生技能，在保护自我的同时，继续践行时代赋予的社会责任。

安全警示

遇到同伴或路人落水，正确的处理程序应是：

①呼救：尽可能吸引他人的注意，寻求帮忙；

②抛物(绳)：寻找身边的可浮物品或者绳索，抛给落水者；

③有条件的涉水：当呼救没人理，又无物可抛，且没有暗流、无大浪、水底平坦，涉水深度不超过腰部以上时，可谨慎实施涉水救援。如果条件不合适，立即求援，绝不可冒险下水救人。若落水者处于惊慌挣扎中，为了防止被落水者死缠而无法脱身导致双双遇险，下水救生时切勿靠落水者太近或直接正面接近落水者。

危机预防

当发现他人溺水的危险状况时，基本可分为岸上救生与涉水救生两类。

1. 岸上救生

岸上救生是最简单、直接的救生方法之一，当落水者离岸较近时，可以直接利用周围现有的物品比如树枝、衣服、竹竿、绳子、浮具等，在岸边施加救援。

(1) 以手救生

施救者设法用一只手抓住落水者头发、手腕处，将落水者拉上岸。此时施救者要特别注意在岸边稳住身体，可以采取半蹲或双脚开立姿势，侧面斜向落水者；也可采用卧姿迅速趴在地上，一手按在地上或抓牢岸上固定物体。

如果岸边有两人，且无法找到固定物体，可由其中一人前往施救，另一人握住施救者的腕关节、裤腰带部分，或者踝关节，协助施救生者稳住重心。

(2) 以脚救生

倘若落水者距离岸边较远，不能伸手可及，则可尝试用脚来施救。施救者双手抓紧岸边的固定物，使身体尽量靠近水面；必要时跳入水中，抓牢岸边固定物，然后将脚伸向落水者，使其抓住施救者的踝关节，待落水者抓稳后，再将其拖回岸边。

(3) 以物品救生

①使用竹竿、树枝等

在现场就地寻找可到达落水者区域的棍状物体，如竹竿、树枝等，也可使用 3~4m 长的专用救生杆。可用棍状物体轻点落水者的肩部，使落水者抓住。注意在伸出时不要将棍状物体正面朝向落水者胸前或将有刺、尖锐的物品递给落水者，避免刺伤，不要敲击落水者头部。

②使用绳子、救生圈

当落水者离岸较远时，可以用绳子绑上木块或者救生圈扔给落水者。首先将绳子以顺时针方向卷好，一端套在手腕或踩在脚下，另一端的木块或救生圈抛过落水者的头顶或者抛向上游，增加落水者抓住的机会。

抛时身体侧向落水者，双脚左右或前后开立，采取低手抛掷方法，待落水者抓住后，再缓慢拉回岸边。

③使用易浮物品

若难以找到上述各救生物品，则可以寻找其他诸如木板、球类等易漂浮的物品，在有水流的情况下适当抛向上游，使落水者抓住后能尽可能长时间的浮在水面自救或等待救援，然后再寻求其他帮助。

2. 涉水救生

当落水者离岸边较远时，无法在岸上施救，在安全允许的情况下，可尝试涉水接近落水者，再利用多种方式进行救援。

(1) 以手救生

以在岸上用手救生的姿势在水中站定，一手抓住岸边固定物，另一手抓住落水者衣物或头发拖向岸边。

(2) 以脚救生

若手无法触及，可尝试双手或单手抓住岸边固定物，将最近的一只脚伸向落水者，让其抓住踝关节，再收脚拖回岸边。

(3) 以人链救生

在河滩、海滩、缓坡地形，当救援者人数较多时，可以尝试入水手挽手组成人链救援，人链末端抓住岸上固定物，待抓住落水者后，再一起后退拉回岸边。此方法尽量慎用，因为一旦人链中任何一环断开，极有可能导致更多人落水，招致极大危险，以人链救生失败而导致集体溺亡的案例已频频见诸报端。

(4) 以物品救生

在浅水处站定后，将竹竿、树枝、衣物等递给落水者，将落水者拉回岸边，在此过程中务必要注意脚底站稳，始终扎根于水底。也可将漂浮物如木板、救生圈等丢给落水者，丢时需抛过落水者头顶，抛到水流上游或上风向，方便落水者抓住，待落水者抓住后，再寻求其他帮助。

小贴士 XIAOTIESHI

安全救生优先三原则：

①岸上救生优于下水救生；能够在岸上救生的，就不要下水；

②器材救生优于徒手救生；能够找到器材的，就不要徒手；

③团队救生优于个人救生；多人救援一定要互相配合。

救生三大顺序：抛、划、游。

①将可用的器材抛给溺水者；

②划过去救（如木板、滑板等）；

③游过去救（注意，要经过救生训练才可以，而且务必要有他人在岸边支持）。

（水上安全教育与急救）

第二节　救生泳姿　熟练掌握

根据现场情况，若岸上救生和涉水救生均不可行，需要入水游泳接近落水者，则救生者首先须有过硬的救生泳技，才能保证救生者的自身安全。那么基本的救生泳姿有哪些呢？

身边的案例

【好青年勇救落水者】

一名智障妇女不慎溺水，命悬一线时，他奋力将其救起，紧接着用所学的抢救措施进行紧急处置，成功挽回了溺水者生命……

他叫杨明军，芦山县思延乡清江村井河组人，一名刚高中毕业的18岁青年。说起几天前救起溺水妇女一事，这个刚满18岁、体重只有50kg的大男孩，也弄不清当时的力气从何而来，竟救起了体重70kg左右的黄某。

杨明军在芦山中学读书，高考结束后，一直在家协助父亲杨绍文加固被地震震坏的房子。15日下午4时许，干完活的杨明军到当地关林口堰道洗澡，准备凉快一下。在去的路上，看到黄某坐在一水池边，因该妇女是名智障人员，杨明军没与她打招呼，径直走到离水池20m开外的堰道洗澡。

“我下水不到10分钟，就听一名小孩喊，有人掉进水里了！”杨明军说。听到喊声，杨明军跑上堰道，发现此前坐在水池旁的黄某不见了，他迅速奔跑到水池边，下水展开营救。

然而，由于水池空间狭窄，溺水者的头伸进底部一处缝隙，身体也被卡得死死的……怎么办？

杨明军下水后，首先想办法将溺水者的头部从缝隙中移出，然后使劲抬出水面，一番努力，成功了。溺水者的头露出水面后，双眼圆瞪，脸色发白……杨明军当即喊站在不远处的两名小孩帮忙，可两名小孩就像吓呆了一样没回过神来。杨明军拼尽全力，独自一人连拉带拽，将黄某救上水池。

杨明军在学校学到的抢救知识，此时派上了用场。清除口鼻异物、心肺复苏……紧急抢救之后，黄某有了呼吸，杨明军见抢救有效，马上又教黄某做深呼吸……

得知黄某溺水的消息后，黄某的家人随后赶到，将其送到医院治疗。

记者在采访中得知，杨明军曾经也被别人救过。2008年8月8日，就在北京奥运会开幕这天，杨明军同几名同学到思延河洗澡，一名不会游泳的同学坐在轮胎上，不慎划到河中央无法靠岸，被急流冲走。杨明军当即跳下思延河游向同学，可谁知水流湍急，还没等他靠近同学所坐轮胎时，自己就被湍急的河水冲走，冲出500m远后，他感觉自己在激流中被人推了两次，在离岸边不远时，他终于抓住一岸边的植物而得救……在杨明军看来，危难时刻出手相救是人的本性。（来源：2013-07-28 北纬网 记者 彭加权）

【安全寄语】杨明军用救生知识成功救了黄某，但其实在此之前，他还有一次对落水同伴不成功的施救，而不成功的原因就是因为他的救生泳技还无法应对水流湍急的河流，未能成功游近落水者，还差点搭上自己的性命，最后还是他人在关键时刻救了自己，可见成功救援的前提是要有过硬的游泳技能，首先须能自保。

安全警示

救生泳姿有多种，在救生现场应该结合自身实际灵活应用，“不管黑猫白猫，抓住老鼠就是好猫”，优先选择自己最擅长的泳姿。

在救生的过程中，应冷静且迅速的评估风险与时机，调整自己的身心状态，增强自我安全意识，在下水、水中、出水各阶段遵守安全规范，避免做出冒险动作，在保证自身的安全的前提下，有条不紊的开展救援。

危机预防

基本的救生泳姿主要有四种：自由泳、蛙泳、仰泳、侧泳。

1. 自由泳

（1）身体姿势

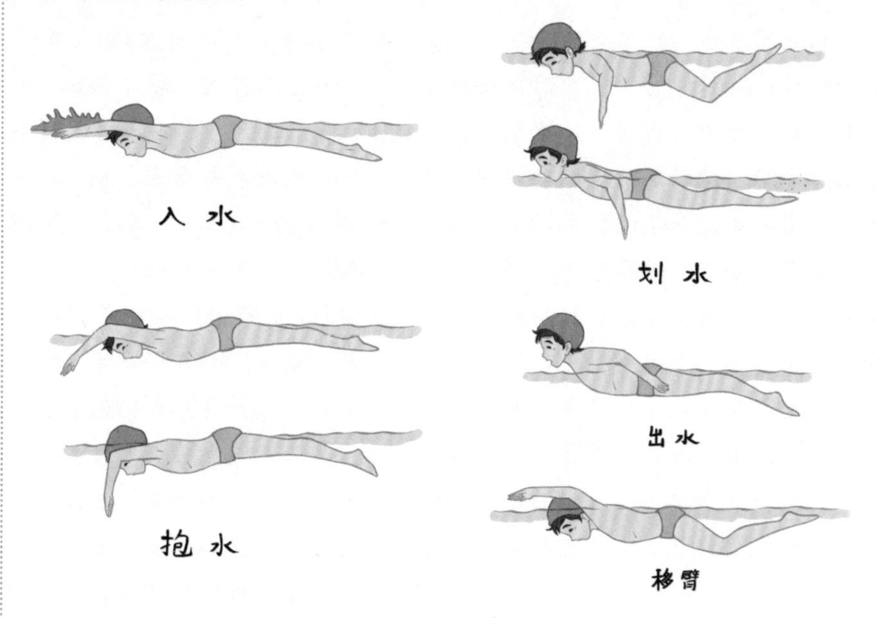

流线形——身体俯卧在水面成流线型；

紧张度——背部和臀部的肌肉保持适当的紧张度；

稳定性——在游进中保持头部平稳，躯干围绕身体纵轴有节奏的自然转动 35°~45°。

（2）腿部动作

自由泳腿部动作主要起平衡作用，通过双臂有力的划水辅助，保持身体的稳定和协调，提供一定的推进力。

姿势：两腿自然并拢，脚稍内旋，以髋关节为轴，由大腿带动小腿和脚掌，两腿交替做鞭打动作，两脚尖上下最大幅度约 30~40cm，膝关节最大屈度约 160°。

(3) 臂部动作

自由泳的臂部动作是推动身体前进的主要动力。以一个周期分为入水、抱水、划水、出水和空中移臂五个紧密联系的阶段。

阶段	动作	要点
阶段一	入水	①力度:在完成空中移臂后,控制手自然放松的入水; ②入水点:手的入水点一般在身体纵轴和肩关节的前后延长线之间; ③动作要领:入水时手指自然伸直并拢,臂内旋使肘关节抬高处于最高点,手掌斜向外下方,使手指首先触水,然后是小臂,最后是大臂自然插入水中。
阶段二	抱水	①动作要领:臂入水后,在积极向下方插入的过程中,手掌从向斜外下方转向斜内后方并开始屈腕、屈肘,肘高于手,以便能迅速过渡到较好的划水位置; ②延续动作:肘关节屈至 150° 左右,整个手臂像抱着一个大圆球似的为划水作准备。
阶段三	划水	①拉水:紧接抱水阶段进入拉水,这时要保持抬肘,并使大臂内旋。同时继续屈肘,使手的动作迅速赶上身体的前进速度,使主要肌肉群在良好的工作条件下进入推水动作; ②推水:拉水至肩的垂直平面后,即进入推水部分,这时肘的屈度约 100° 左右,大臂在保持内旋姿势,带动小臂,用力向后推水。同时,使肩部后移,以加长有效的划水路线。向后推水有一个从屈臂到伸臂的加速过程,手掌从内向上,从下向上的动作路线加速划至大腿旁; ③重要性:划水是发挥最大推进作用的主要阶段,其动作过程可分为拉水和推水两个部分。整个划水动作,手的轨迹始于肩前,继之到腹下,最后到大腿旁,呈 S 形。
阶段四	出水	①力度:出水动作必须迅速而不停顿,同时应该柔和、放松; ②动作要领:划水结束时,掌心转向大腿,出水时小指向上,手臂放松,微屈肘。由上臂带动,肘部向外上方提拉带前臂和手出水面,掌心转向后上方。
阶段五	空中移臂	动作要领:紧接出水不停顿地进入空中移臂,移臂时,肘高于手。

自由泳时双臂娴熟的动作配合是泳姿的基本要求，也是学好自由泳的关键之一，从自由泳时双臂的动作来划分，自由泳双臂划水发生的交叉位置有三种类型：

交叉位置	动作要领
前交叉	一臂入水时，另一臂向前摆至肩前方与平面成 30° 左右。前交叉有利于初学者掌握自由泳动作和呼吸。
中交叉	一臂入水时，另一臂处在向内划水阶段与水平面成 90° 。
后交叉	一臂入水时，另一臂划至腹下，手与水平面成 150° 左右。

(4) 臂腿呼吸配合

自由泳时，一般是在双臂各划水一次的过程中进行一次呼吸。

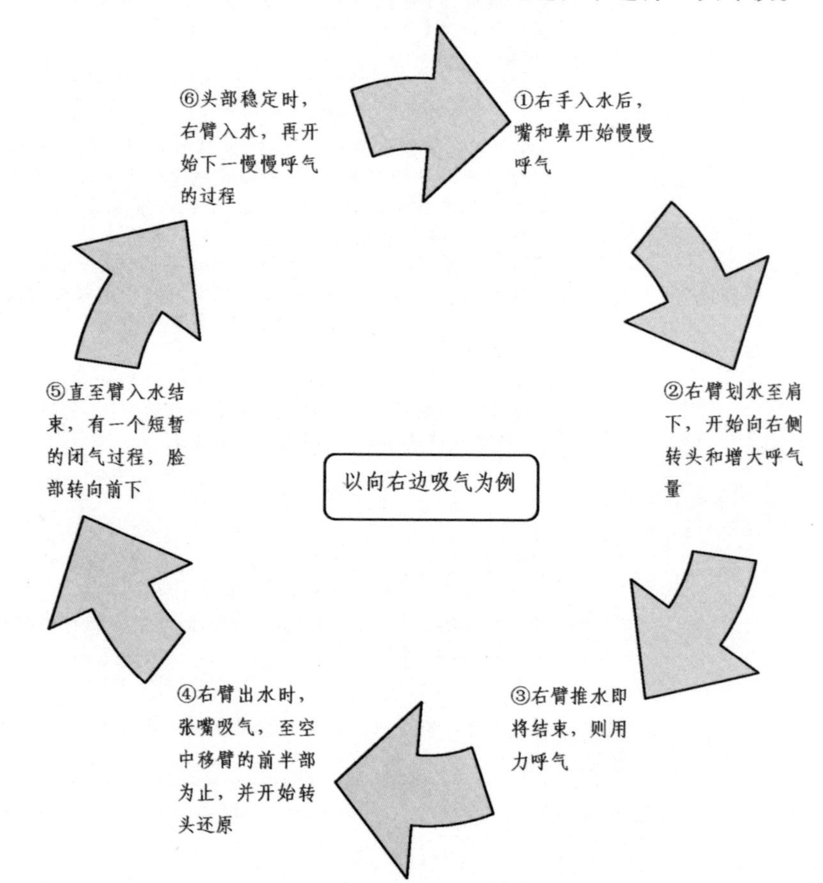

初学者针对自由泳的呼吸与臂、腿配合，可采用 6：2：1 的方法，即呼吸 1 次、臂划 2 次、腿打 6 次，利用这种配合方法，有利于保持泳姿的平衡与协调。

2. 蛙泳

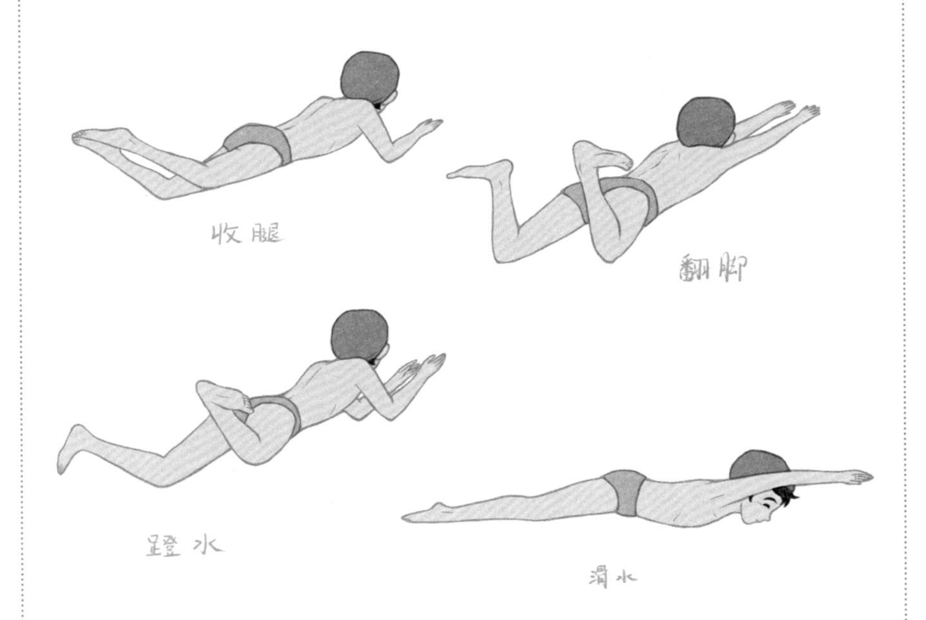

(1) 身体姿势

协调：蛙泳时身体是随着手、腿的动作变化而不断变化的，并非固定于同一个位置。整个身体以身体的横轴为轴做上下起伏的动作。

细节：当一个动作周期结束后，应舒展胸部、稍稍收腹、微微塌腰，双腿并拢，双臂伸直，颈部略紧张，头位于双臂之间，眼睛注视前下方。

(2) 腿部动作

蛙泳的腿部动作可分为收腿、翻脚、蹬夹水和滑行四个阶段，四个环节是紧密相连，也是推动身体前进的主要动力之一。

阶段	动作	要点
阶段一	收腿	①开始收腿时:两腿随着吸气的动作,自然放下,同时两膝自然逐渐分开,小腿向前回收,回收时两脚放松,脚跟向臀部靠拢,边收边分; ②收腿结束后:大腿与躯干约成 120° ~140° ,两膝内侧大约与髋关节同宽。大腿与小腿之间的角度约为 40° ~45° ,并使小腿尽量成垂直姿势。 ③注意点:收腿是为了使翻脚、蹬水获得有利的位置。收腿时力量要小,既要减少阻力,又要考虑到手腿配合的需要,两脚和小腿回收时要收在大腿的投影截面内，以减少回收时的阻力。
阶段二	翻脚	①动作要领:收腿即将结束时,脚仍向臀部靠近,这时膝关节向内扣，同时两脚向外侧翻开，使脚和小腿内侧对好蹬水方向。 ②注意点:收腿与翻脚、蹬水是一个连续的完整动作过程。正确的翻脚动作，是在收腿未结束前就已开始，在蹬水开始完成。如果翻脚后,腿稍有停滞,则会破坏动作的连贯性并增大阻力。
阶段三	蹬夹水	①动作要领:在翻脚的动作中,两膝向内,两脚向外已经为蹬夹水固定住唯一的方向。蹬夹水时由大腿发力,先伸髋关节,这样使小腿保持尽量垂直对水的有利部位，向后做蹬夹水的动作,其次是伸膝关节和踝关节。蹬夹水的速度是从慢到快,力量是从小到大的。 ②注意点:蹬夹水的动作实际是一个连续的完整动作,只是蹬水在先,夹水在后。蹬夹水效果的好坏不但取决于腿部关节移动的路线和方向,以及蹬夹水时对水面积的大小,最主要的是取决于两腿蹬夹水的速度和力量的变化。
阶段四	滑行	动作要领:蹬夹水结束后,脚处于水平面的最低点,身体随着蹬水的动力向前滑行,腰部下压,双脚接近水面,顺势做下一个循环动作。

(3) 臂部动作

蛙泳手臂划水动作可以产生很大的推动力，该动作细分可划为开始姿势、滑下（也可叫作“抱水”或“抓水”）、划水、收手和向前伸臂五个阶段，蛙泳整个臂部的动作路线无论是俯视或仰视都是椭圆形的，并且是一个连贯、力量从小到大，速度从慢到快的完整过程。掌握合理的手臂划水技术，并且使之与腿及呼吸动作协调配合，能有效地提高游进速度。

阶段	动作	要点
阶段一	开始姿势	①力度:当蹬水动作结束时,双臂应保持一定的紧张; ②动作要领:自然向前伸直,并与水面平行,掌心向下,手指自然并拢,与身体成一条直线,形成较好的流线型。
阶段二	滑下	①动作要领:从开始姿势起,手臂先前伸,并使重心向前,同时肩关节略内旋,两手掌心略转向外斜下方,并稍屈手腕,双手分开向侧斜下方压水。 ②延续动作:当双手向侧斜下方压水时,手掌和前臂感到有压力即可开始下一步的划水。 ③注意点:抱水的速度,根据个人的水平不同而不同,水平较高者抱水较快,反之则慢。
阶段三	划水	①动作要领：当两手做好抓水动作、双臂分开成大约40°~45°角时,手腕开始逐渐弯曲,这时双臂两手逐渐积极地做向侧、下、后方的曲臂划水动作。划水时,手的运动应该分为两个部分,前一部分:手向外——向下——向后运动,水流从大拇指流向小拇指一边。后一部分:手向内——向下——向后运动,水流从小拇指流向大拇指一边。 ②注意点:在划水中,前臂和上臂弯曲的角度是在不断地变化,其标准是以能发挥出最好的力量为准则。在整个划水过程中肘关节的位置都比手高。手运动的路线,不应到肩的下后方,而应在肩的前下方。其速度是从慢到快,至收手时应达到最快速度。

续表

阶段	动作	要点
阶段四	收手	①力度:整个收手动作过程应积极、快速、圆滑; ②动作要领:收手时,收的运动方向为向内、向上、向前。蛙泳手臂姿势迎角大致为 45°,随着前臂外旋,掌心逐渐转向内。 ③注意点: A.收手动作应有利于做快速向前的伸手动作,并且肘关节要有意识地向内夹。 B.当手收至头前下方时,两手掌心是由后转向内——向上的姿势,这时大臂不应超过两肩的横向延长线。 C. 在收手结束时,肘关节应低于手,大、小臂的角度小于 90°。
阶段五	向前伸臂	动作要领:向前伸臂由伸直肘关节、肩关节来完成的,掌心由开始的向上逐渐转向内,双掌合在一起向前伸出,在最后结束前逐渐转向下方。

(4) 呼吸方式

协调的呼吸对于泳姿的掌握大有裨益，当然蛙泳也有其独特的呼吸方式。游进过程中，在抓水阶段逐渐抬头，腿自然放松、伸直；在划水阶段，头抬至眼睛出水面，腿还是不动；在收手阶段，开始收腿，向前挺髋，头抬至口出水面，并进行快速、有力的吸气；在伸臂阶段，低头，用鼻或口鼻进行呼气，在手臂伸至将近 1/2 处时，进行蹬夹水的动作，待身体伸展滑行一段距离，蹬速度降低时进行第二个周期的动作。

以上是一段以蛙泳五个阶段进行划分的动作与呼吸的配合描述，初学者在完成呼吸配合时，身体在水中所处的位置高低，将直接影响到其心理及完成呼吸的质量，因此，蛙泳呼吸的学习重点在于抓住滑行时身体在水中的相对位置这一关键问题。总的来讲，正确的蛙泳呼吸方法要注意以下要点：

闭气滑行、吐尽吸满	呼气时机	闭气滑行,滑下时开始吐气,并逐渐加大呼气量,口部一露出水面,立刻用力把气吐完。
	呼气方式	由小到大,逐渐加大呼气量(口鼻同时呼气)。
	吸气时机	口部露出水面吐气完成用口快而深地吸气，呼与吸之间无停顿。

在蛙泳的游进过程中，一般都是一个周期一次呼吸，这样有利于肌体的有氧供应，从而降低疲劳速度。需要特别注意的是，在抬头吸气前，必须要将体内的废气全部吐尽，随后再吸满新鲜氧气。

关于前述所讲身体位置的高低会影响蛙泳呼吸质量的问题，在实际练习中，初学者可以练习利用两次甚至多次腿部动作来调整蹬夹水后身体在水中的位置，解决位置偏低的问题，体验获得顺畅呼吸的合适方式。在掌握正确的呼吸方法后，结合身体位置的调整，再进行一次呼吸、一次手臂及一次腿部动作的正确配合练习，不但可以减轻心理压力，也可以较快的达到身体与呼吸的协调统一。

(5) 转身动作

当掌握蛙泳泳姿后，为了提升游泳技能水平，增添游泳乐趣，可以进一步学习触壁转身动作。完整的触壁转身动作可以分为以下四个部分：

阶段	动作	要点
阶段一	触壁	①时机:在最后一次蹬腿结束后直接游近池壁,不必减速; ②动作要领:双臂前伸,在正前方高于身体重心的地方,左手在下、右手在上,双手相距15cm左右,手指朝左斜上方触壁。

续表

阶段	动作	要点
阶段二	转身	①时机:全手掌触压池壁之后; ②动作要领:以左转身为例,触壁后随着惯性屈肘、屈膝团身,同时身体沿纵轴向左侧转动,并抬头吸气,左手离开池壁在水中随着身体向左侧转动并逐渐向左前伸。当身体转至侧对池壁时,头向前进方向甩、并低头入水,右臂推离池壁,从空中摆臂,同时提臂使两脚触臂,两手经颏下前伸,两腿弯曲准备蹬壁。
阶段三	蹬壁	动作要领:两脚掌贴在水面下约 40cm 处,双臂向前伸直,头夹在双臂之间,然后用力蹬离池壁。
阶段四	滑行和一次潜泳动作	动作要领:蹬壁后,身体成流线型滑行,当速度减慢到正常游泳速度时,两手开始长划臂至大腿两侧稍停,滑行速度稍慢时,开始收腿和两手贴近腹、胸、颏下前伸,当双臂伸直夹头时,蹬腿、滑行,双臂开始第二次划水时,头露出水面。

3. 仰泳

（1）身体姿势

仰泳时，身体要自然伸展，仰卧在水面，头和肩部稍高，腰部和腿部保持水平，身体纵轴在水平面上构成的迎角约为 10° 角，腰部和两腿均处在水面下。

部位	要点
头部姿势	①头的作用:头可以控制身体左右转动,是仰泳过程中的“舵”; ②动作要领:在游进中头部不要上下左右晃动,保持相对稳定,颈部肌肉适当放松,使后脑处在水中,水位在耳际附近,目光注视腿部的上方。

续表

部位	要点
腰部姿势	①动作要领:泳技好者可以将肩和胸部露出水面,随着快速游进,身体迎角提升体位,腹部也经常露出水面。总结来讲,就是肋上提,不含胸。 ②注意点:仰泳游进中,腰部肌肉要保持适度的紧张,以不至于使身体过分平直和屈髋成坐卧姿势为前提。
身体的转动动作	①动作要领:随着双臂划水动作,身体的纵轴自然滚动,滚动角度因人而异,肩关节灵活性较好的人滚动小,反之则大,一般为45°左右。 ②注意点:滚动有利于臂出水和向前移臂,其目的在于使划水臂处于较好的角度,加强划水的力量;保持屈臂划水的一定深度。如果滚动角度过大,不但会引起疲劳,也会影响前进速度。

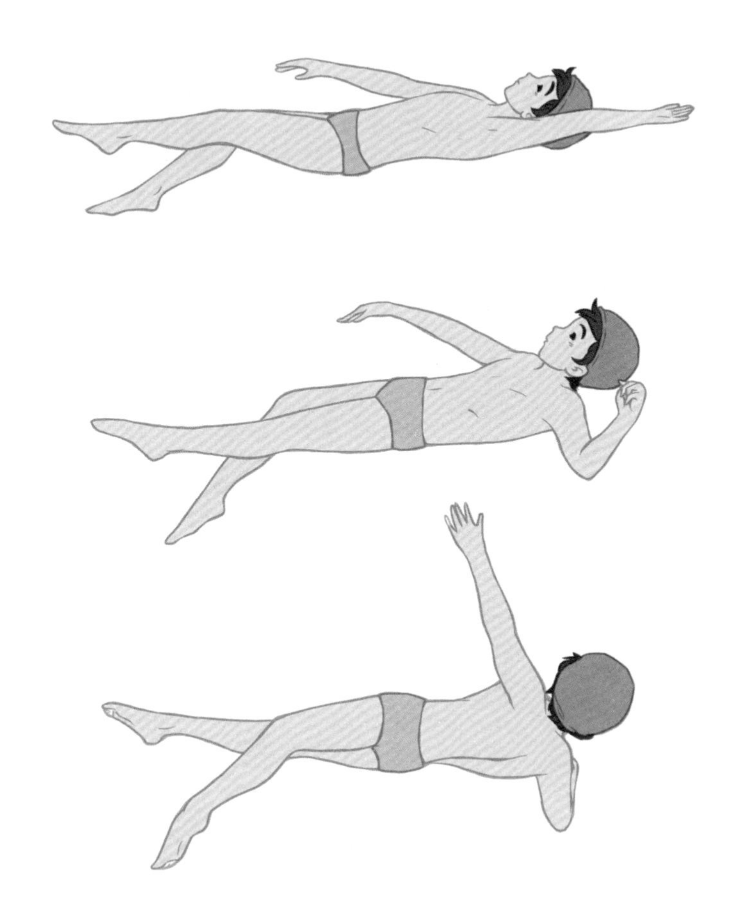

（2）腿部动作

仰泳的腿部动作以下压动作和上踢动作组成，即直腿下压，屈腿上踢。整个腿部动作的目的在于使身体保持在较好的角度，控制身体处于水平姿势。在踢水过程中，不但可以控制身体的摆动，也能产生一定的推进力。

动作		要点
下压动作	膝关节充分展开	腿下压的动作借助于臀部肌群的收缩来完成。 在整个腿下压动作的前 2/3 阶段，由于水的阻力，主要动作为“膝关节充分展开，腿部肌肉放松”。
	屈腿	由于腹肌和腰肌的控制，大腿下压到一定程度后停止向下，过渡到向上移动。由于惯性作用，小腿依然继续向下，导致膝关节弯曲，即腿下压的后 1/3 阶段是“屈腿”。
	鞭打	随着惯性的逐渐减弱和大腿的带动，小腿也开始向上移动，但此时脚仍然继续向下，直到惯性消失，大腿、小腿和脚一次结束向下的动作，即构成“鞭打”动作。 注意：因为腿下压的动作不产生推进力，因此相对的要求速度不要太快，腿部各关节要自然放松。
上踢动作	下压结束阶段	腿部动作下压结束时，由于水对小腿的阻力和大腿肌肉的牵制，大腿与小腿构成约 135° ~140° 角，小腿与水平面约成 40° ~45° 角。
	上踢开始阶段	上踢动作是以大腿带动小腿，小腿带动脚来完成的，上踢动作的开始，就需要用脚打的力量和速度来进行，并逐渐加大到最大力量和速度。
	上踢结束阶段	当大腿向上移动超过水平面就结束向上的动作，此时膝关节接近水面。随后小腿和脚也依次结束向上，是膝关节充分伸展，构成“鞭打”动作。上踢时，脚尖应内旋以加大对水面积，并且在任何情况下，尽量不要使膝关节或脚尖露出水面。

（3）臂部动作

仰泳时身体推动力的主要来源即臂划水动作。完整的手臂动作分为入水、抱水、划推水、出水和空中移臂等几个阶段，手掌由于入水、抱水和划推水在水下形成一个“S”形的路线。

阶段	动作	要点
阶段一	入水	①力度:臂入水时借助移臂动作的惯性,自然放松; ②入水点:在身体纵轴与肩的延长线之间,或在肩的延长线上。过宽和过窄都会影响速度。 ③动作要领:保持直臂,肘部不要弯曲,入水时小指向下,拇指向上,掌心向侧后方。手掌与小臂约成150° ~160° 角。
阶段二	抱水	①力度:臂入水后要利用移臂时所产生的动量积极下滑到一定的深度; ②动作要领:手掌向下、向侧移动,通过伸肩、屈肘、上臂内旋和屈腕的动作,配合身体的滚动,使手掌和前臂对准水并有压力的感觉。当完成抱水动作时，肘部微屈约成150° ~160° 角,手掌距水面约30~40cm,肩保持较高的位置。

续表

阶段	动作		要点
阶段三	划推水	阶段划分	划水动作是推动身体前进的主要动力。整个动作是由屈臂抱水开始,以肩为中心,划至大腿外侧下方为止。划水动作包含拉水和推水两个阶段。
		拉水阶段	①拉水的前半部分:手的运动为向上——向外——向后的三个分运动; ②拉水的后半部分:手的运动为向上——向内——向后的三个分运动; ③动作要领:划推水是在抱水的基础上进行的,开始时前臂内旋,手掌上移,肘部下降,使屈肘程度加大,手掌和小臂要保持与前进方向垂直。当手掌划至肩侧时,屈臂程度最大,约为 70° ~110° 角,手掌接近水面。水流从大拇指流向小指。
		推水阶段	①推水的手部运动:推水时,手的运动是由向内—向下—向后的运动,逐渐转变为向内—向下—向前的运动; ②推水时机:在手臂划过肩侧时开始,这时肘关节和大臂应逐渐向身体靠近,同时用力向脚的方向推水; ③动作要领:当推水即将结束时,小臂内旋做加速转腕下压的动作,掌心由向后转向向下。水流从小指流向大拇指一边。推水结束时,手臂要伸直,手掌在大腿侧下方。
阶段四	出水		①出水时机:推水结束后,借助于手掌压水的反弹力迅速提臂出水。 ②出水形式:形式一,手背先出水;形式二,大拇指先出水;形式三,小拇指先出水。三种手型各有利弊,形式三较常用。 ③动作要领:手臂自然、放松、迅速,先压水后提肩,肩部露出水面后,由肩带动大臂、小臂和手依次出水。
阶段五	空中移臂		①移臂时机:提臂出水后,手应迅速从大腿外侧垂直于水面移至肩前。 ②动作要领:手臂移至肩上方时,手掌要内旋,使掌心向外翻转(采用小拇指先出水技术的无此动作)。空中移臂时,臂伸直放松,后阶段注意肩关节充分伸展,为入水和划水做好准备。

(4) 配合技术

协调的身体配合是学会仰泳和泳技提高的关键，在练习过程中，要重点关注双臂的配合、臂与呼吸的配合、臂腿的配合。

双臂配合：仰泳双臂的配合是“连接式”的，在整个臂的动作过程中，双臂几乎都处在完全相反的位置。一臂划水结束时另一臂已入水并开始划水；一臂处于划水的中部时另一臂正处于移臂的一半。

臂与呼吸的配合：仰泳呼吸不能过于频繁，否则会引起呼吸不充分，造成动作紊乱。一般是两次划水一次呼吸，即一臂移臂时开始吸气，然后做短暂的憋气，当另一臂移臂时进行呼气。在高速游进时，也有一次划水一次呼吸的技术。

臂腿的配合：臂腿配合关系到整个动作的平衡和协调。臂在划水过程中，腿的上踢、下压动作要避免身体的过分转动。

4. 侧泳

侧泳是在涉水救生中将溺水者拖带上岸的一种实用泳姿。

(1)身体姿势

身体侧卧水中，稍向胸侧倾斜，头的侧下部浸入水中，下面的臂前伸，上面的臂置于体侧，两腿并拢伸直，游进时身体绕纵轴转动。

(2) 腿部动作

腿部动作分为收腿、翻脚和蹬剪腿三部分。

动作	要点
收腿	上腿向前收，下腿向后收，注意尽量少收大腿，特别是下面的腿，大腿几乎不动。
翻脚	收腿后，上腿勾脚尖以脚掌向后对准水；下腿将脚尖绷直，以脚背和小腿前面向后对准水。
蹬剪腿	上腿用大腿带动小腿稍向前伸，以脚掌对准前侧后加速蹬夹水；下腿以脚背和小腿对准侧后方伸膝踢水，与上腿形成剪水的动作。

(3) 臂部动作

上臂动作：上臂经空中（或在水中接近水面）往前移至头的前方入水，入水后前伸下滑高肘抱水，手和前臂对准水，然后沿着身体去臂加速用力向后划水至大腿外侧。

下臂动作：下臂在身体下部前伸抱水，屈臂划水至腹部下方，掌心向上，以小臂带动大臂，沿身体向前做边伸边外旋的动作，伸直时掌心向下。

双臂配合动作：下臂开始划水，上臂前移；上臂开始划水时，下臂开始做前伸动作，并稍做短暂的滑行，双臂在胸前夹叉。

(4) 配合技术

臂和腿：上臂入水下臂前伸时，收腿；当划至腹下时，腿用力向后蹬剪水。

臂、腿和呼吸：侧泳不需把头埋入水中呼气，一般是一次腿部动作、双臂各做一次划水即呼吸一次。

蛙泳配合口诀

蛙泳配合需注意，腿臂呼吸要适宜；
双臂划水腿放松，收手同时要收腿；
双臂前伸腿蹬水，臂腿伸直滑一会；
划水头部慢抬起，伸手滑行慢呼吸。

第三节　徒手救生　共渡难关

救生时下水要注意什么？以何种方式接近落水者？在接近落水者后，该如何做？如何顺利地将落水者带回岸边并确保自己与落水者的安全？如果我们要去救生，就有必要了解这些知识。

身边的案例

【第一次体会到水中救人的可怕，奉劝小伙伴们，千万要量力而行】

前天上午去游泳馆游泳，一个大妈从深水区往浅水区仰漂，我自由泳想从她旁边钻过去，谁知道在我们交汇的时候她一巴掌拍我头上了，然后我俩都吃了一惊，都停下来看怎么回事，然后我就看到那大妈，突然就咕咚咕咚喝着水就往下沉，然后两只手乱抓，估计是想抓水线，可是差几十厘米就是抓不到，开始我以为她只是猛一惊吓呛水了，很快会调整过来，但是我越看越觉得不对劲，我怕她出事就赶紧去拉她，当时我是一直在踩着水，我想拉着她一只胳膊把她往水线上拉一拉，让她能够扒到水线，结果一拉发现脚踩水的力量太小，不但没有把她拉过来，我反而被她拽过去了，幸亏当时没有被她死抓着，我赶紧挣脱，然后一猛子扎水里踩到池底，利用踩地往上蹿的力量顶她的腰，把她给顶到了水线上，然后就见她扒拉着水线大口大口喘气，脸色发青。事后想想真可怕，幸亏是在泳池，最深的地方也就 2m 多，可以踩到池底往上蹿，而且离水线也不远，如果是在野河里，离岸边还有个几十米的话，我很怀疑我能不能救得了她。我自信游泳也会一点，蛙泳自由泳抬头蛙狗刨啥的都可以轻松过关，那些仰飘侧泳什么的也是信手拈来，但是遇到救人的时候发现水平真是不行，那大妈属于有点魁梧的那种，在水里乱抓乱扑腾，水里不像实地上，在水里踩水蹿的那一下力量真的是很小，被救生者如果再不配合，乱抓乱动的，更加剧下沉的力道，最后的结果是不但救不到对方，反而会被对方拉进去，以前看过帖子说从被救生者的背后卡住脖子施救，这个方法我想会好一些，但是如果被救生者比较魁梧或者太胖，又特别不配合的话也是很难，除非被救生者顺从配合听话。最后总结一下，我终于体会到那些水中救人不成反而把自己性命丢掉的人的感受了，好可怕。（来源：2013-08-29 百度贴吧游泳吧 作者：绿茶饼干）

【安全寄语】自身的游泳能力并不完全等同于救生能力，游泳时可以自我控制，但救生时却无法完全控制落水者。一个惊慌的落水者会给救生者带来极大的风险，救生者需要掌握应对突发状况的技巧以与落水者共渡难关。

安全警示

发现有人落水时，应该保持冷静，切不可惊慌。迅速观察落水者当时所处的环境状况，如水的深浅、流速、地形、障碍物、气候与救援的距离等因素，再决定采取何种方法，从何处下水，以及携带何种器材去实施救援，切不可慌乱盲目下水。

下水前应视情况尽快脱去衣裤和鞋子，入水时要看清落水者位置，保持其始终在视线范围内。有条件者应尽可能携带可漂浮物下水救援，让落水者抓住漂浮物再协助其游向岸边。对神志清醒者要大声告知，只有放弃挣扎听从指挥才能活命。

危机预防

救生是一种在紧急状态下的应急反应，需要合理应对各个环节潜在的危险因素。

1. 入水

救生时入水与游泳时入水一样，需要充分考虑水域环境的特点，尤其是在潜藏危险的水域环境，入水时务必谨慎小心，防止救人不成反而先伤及自身。

①布满水草、浮萍、杂草的水域

这种水域环境危险在于不知深浅，且不清楚水下状况，入水前先用木棍等物试探，查明深浅，如果必须涉水，则要注意底部淤泥厚度，避免淤泥过深陷入危险。当到达水深及腰的位置时，即可选择各种抬头泳姿前进。

②布满垃圾、杂物的水域

水域附近如果布满垃圾、杂物，有可能部分杂物会滚落水下，比如铁钉、铁丝、玻璃、木桩及其他尖锐物等，入水时应尽量穿鞋涉水，当到达水深及腰的位置时，即可选择各种抬头泳姿前进。是否脱去鞋袜，可根据当时情况判定。

③视界不清的水域

如果海滨、湖泊、河流被污染，水体污浊，在水中视界不清，此时要防备被水生物攻击，或者被大浪、急流、漩涡冲至岩石边受伤。在遭到各类化学、金属污染，或者工厂排污处入水前，应穿戴安全装备，以防中毒。

2. 接近

接近落水者时应遵守下列原则：

①时间就是生命

从离落水者最近的地方下水；以最快的游泳方法接近落水者，要考虑将落水者带回岸边所需要的体力和时间。

②适当的距离反而安全

并非毫无策略的抓住落水者就是正确的救生；接近落水者时，应停在距离落水者 1 米到 1.5 米的范围；尽量从落水者背后接近；主动抓住落水者而不要被落水者抓住；

③保护落水者，避免二次伤害

救援过程中要避免出现二次伤害，应使落水者口鼻部始终露出水面，确保呼吸，同时适时安慰落水者，减少其恐惧。

(1) 背后接近

当落水者胡乱挣扎，头部在水面，水面下浑浊不清时，可采取背后接近的方式：

步骤	动作	要点
步骤一	接近落水者	以抬头自由泳或者抬头蛙泳游至落水者背后。
步骤二	紧急停游	游至落水者约 1~1.5m 处，救生者翻转腕关节，掌心有后向前推水，改成后退姿势，使身体后倒。
步骤三	托腋	在落水者背后 0.5m 处，采取托腋的方式：右手托腋，左手从落水者的左肩夹胸托右腋。
步骤四	拖带	视情况用各种方法将落水者拖带上岸。

(2) 正面接近

当落水者挣扎不严重，头部露出水面，手臂在显著位置方便抓握时，可以采取正面接近的方式：

步骤	动作	要点
步骤一	接近落水者	以抬头自由泳或抬头蛙泳游向落水者。
步骤二	紧急停游	游至落水者 1~1.5m 处,救生者翻转腕关节,掌心由后向前推水,改成后退姿势,使身体后倒。
步骤三	抓腕转体/扶髋转体	根据落水者的状态可以选择抓腕翻转或扶髋翻转: 抓腕:落水者相对配合时,救生者可高举手,虎口朝前,由上而下抓住落水者相应方位的手腕,即右手抓右手,左手抓左手。救生者随即后仰，将落水者的手拉向耳后，使其身体180° 转体。 扶髋:落水者胡乱挣扎时,救生者可下潜至落水者髋部以下,用双手扶住落水者髋部,再由下而上将落水者转体 180° 。
步骤四	拖带	转体后,以托腋的方式控制落水者,拖带落水者上岸。

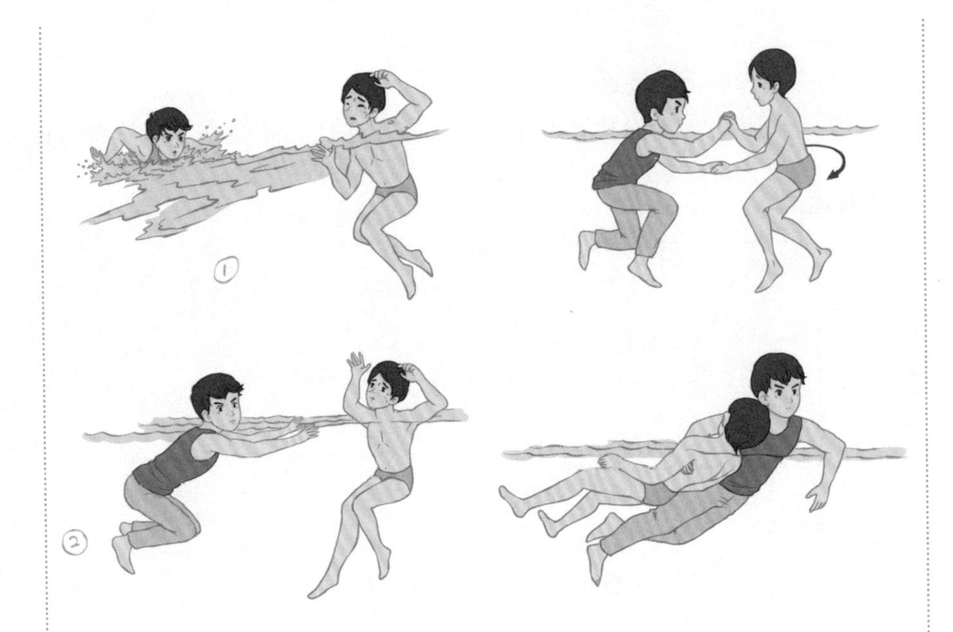

(3) 潜水接近

当水深但视界较好，落水者挣扎厉害，头部露在水面并与救生者面对，水面有障碍物时，可采用正面潜水接近的方式：

步骤	动作	要点
步骤一	接近落水者	以抬头自由泳游向落水者，在约 2m 处潜水接近落水者。
步骤二	紧急停游	潜至头部与落水者膝盖相同高度的前方约 1m 处停游。
步骤三	抓膝	右手虎口朝上，掌心向外，捏住落水者的左膝盖；左手虎口朝上，掌心向内扶住落水者腘窝处。
步骤四	转体	右手前推，左手内拉，将落水者作 180° 旋转，同时向水面上提升，使落水者口鼻尽快露出水面。
步骤五	浮升	左手沿落水者大腿侧向上滑行至腰部，扶紧腰的侧面，右手同样由膝部滑至落水者右腋下。
步骤六	拖带	右手托腋，左手从落水者左肩处夹胸托右腋，使其成水平仰浮，再将落水者带回岸边。

如果在相同水域环境下，面对激烈挣扎的落水者，救生者感觉正面接近没有能够完全控制落水者的把握时，可采取正面潜水但背后接近的方式，即入水后以“背后接近”的方式托腋并拖带即可。

(4) 水中接近

当落水者正在下沉时，适用于水中接近的方式。

步骤	动作	要点
步骤一	下潜	可能的情况下，观察落水者吐出的气泡，游近落水者后，根据其吐出的气泡下潜到其头部后方，注意水流造成的落水者位置的变化。
步骤二	拖带	单手经落水者腋下向上托颚，托颚时注意不要锁住落水者的喉头。以侧泳向上浮升。
步骤三	吹气	露出水面后，以划水的手托住落水者后脑，连续施以口对鼻人工呼吸，吹两口气，若距岸太远，拖带一段距离即应吹气，以免落水者脑部缺氧。

(5) 沉底接近

当落水者沉到水底时，可采用沉底接近的方式。

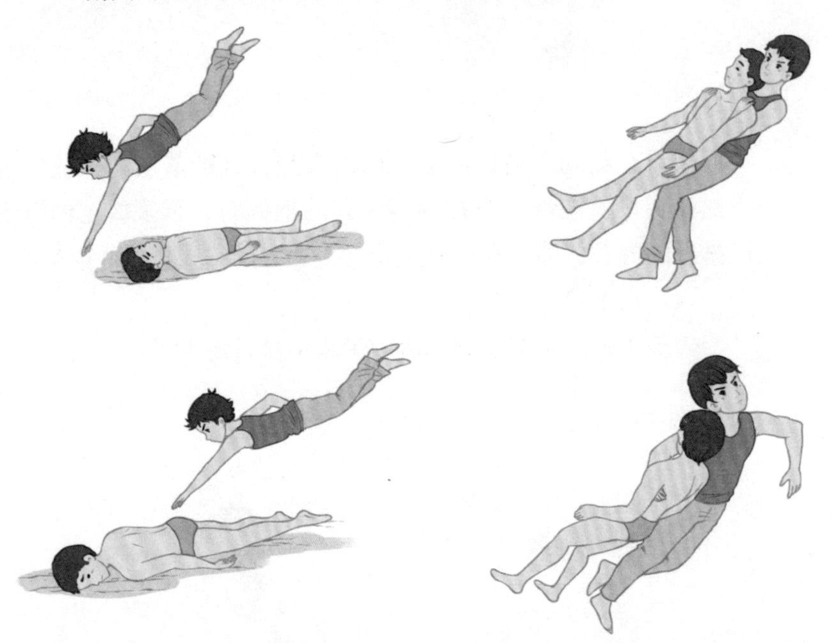

步骤	动作	要点
步骤一	下潜	确认落水者沉没处，立即下潜，若落水者脸朝下，则潜至其背后；若落水者脸朝上，则潜至落水者头上方。
步骤二	拖带	落水者脸朝下：可采取单手托腋方法，救生者从落水者右(左)肩处夹胸托左(右)腋，另一只手托另一侧腋下，双脚用力蹬夹，带落水者上浮至水面。 落水者脸朝上：双手托落水者腋下，双脚用力蹬水上浮。

3. 自我防护

救生的安全原则之一即不能被落水者抓住，落水者惊慌失措之下，抓住一根救命稻草就会丧失理智的死缠不放，一旦被落水者抱住，救生者处理不当将危及自身安全。在救生中遇落水者胡乱抓抱时，救生者可先行脱离、躲避，待找好接触路径再行接近。

⑴ 未接触但有缠抱意图

当救生者还未接触落水者时，如果落水者有急于抱紧救生者的意图，救生者即以停游后退的方式与落水者拉开距离，上身后仰，两腿缩至胸前，双手急速向后划水，两脚急速向下划水，仰泳后退。

⑵ 即将抱住一只手

当距离接近，落水者即将抱住救生者一只手时，救生者此时若还未做好救援的姿势准备，可用单手快速用力推落水者胸部避开。如果落水者顺势抓住救生者的手不放，但挣扎不严重，救生者可抓住落水者手腕拖向后方，使落水者转向拖带位置。

⑶ 即将抱住一只脚

当落水者有缠抱意图，救生者仰泳后退但依然难以躲避时，可将一只脚放于落水者胸部或肩膀上，再伸直膝关节单足推离；若落水者顺势抱紧救生者脚部，救生者可将另一只脚放于落水者肩膀推离。

⑷ 即将抱住头部

距离过近，落水者即将抱住救生者头部时，救生者可快速向下缩头，同时双手扶住落水者腰部、胸部等位置用力往上推，自己借反作用力下潜躲避。

4. 解脱

若救生者自我防护不及，被落水者缠抱，救生者可将其压入水中，使其因空气不足自动松手，同时采取各种解脱法顺势控制落水者，以利下一步动作。在做一系列解脱动作时要遵循以下原则：

①冷静——救生者应该始终比落水者更加冷静，迅速分析险情，确定解脱方式；

②适当——速度要迅速，力度要适当，控制落水者的同时不要

造成二次伤害；

③熟练——解脱动作要熟练。

（1）抱头解脱

当头部被从正面抱住时，迅速深吸一口气缩头下沉，若在水中则直接缩头下沉，同时双手扶住落水者的胸部、腰部等便捷的位置向上推并做 180° 旋转，在解脱缠抱的同时使落水者脸朝上，露出水面，再顺势用托腋方式拖带。

（2）缠颈解脱

情形一：正面缠颈解脱

若在水面，迅速深吸一口气，在水下直接收下颚，以防气管被卡，身体下沉，头下缩，同时一手向外向上推落水者对侧肘部，另一手推落水者脸颊，促使落水者 180° 旋转，并顺势采取一手夹胸托腋姿势从后控制落水者。

情形二：背后缠颈解脱

若在水面，迅速深吸一口气，在水下直接收下颚，以防气管被卡，分清落水者缠颈的手臂哪个在上，如果右手在上，则救生者用左手压住落水者右手手腕，右手上推落水者右手手肘，即将落水者一侧腕关节往下拉的同时，通过用另一手推、用肩膀顶的动作抬高其肘关节，然后救生者低头从落水者腋下退至其背后。将落水者腕关节往下拉，用肩膀托高其肘关节，同时，救生者低头自落水者腋下退至落水者背后。再以一手夹胸托腋姿势从后控制落水者。

（3）抓腕解脱

情形一：单手被单手抓

若救生者一手被落水者一手抓住，救生者可用另一手的虎口撞击落水者抓握手的手腕部位，撞击时迅速、有力，同时被抓手抽出。脱离后，救生者撞击的手顺势抓住落水者的被撞手腕，向前拉出，救生者同时转移至落水者背后以一手夹胸托腋姿势从后控制落水者。

情形二：单手被双手抓

若救生者右手被抓，可用左手虎口朝前抓住落水者对侧（左手抓左手）手腕，双手下压，伸出左脚，以脚心压于落水者右肩锁骨处，左腿伸直使落水者被推转 180° ，被抓住的右手同时用力挣脱。

再以一手夹胸托腋姿势从后控制落水者。

(4) 抱腰解脱

情形一：腰部正面被抱

臀部后顶，双臂前推，含胸收腹，抽出一只手用食指、中指夹紧落水者的鼻部，用掌心盖住嘴部，掌根托住落水者下颚，用力向前推，另一只手扶住落水者的腰部，向自己的方向压，迫使落水者松开双手，顺势将落水者转体 180° 。再以一手夹胸托腋姿势从后控制落水者。

情形二：腰部背后被抱

臀部后顶，若双臂也被抱紧则前推，含胸收腹，抽出两臂，找准落水者抱在外侧的手，一根根的扳开其手指，然后两手对应（左抓左、右抓右）抓住其手掌，两臂向外扩胸展开，同时救生者从落水者右侧腋下移至其背后，然后以一手夹胸托腋姿势从后控制落水者。

5. 带人

当救生者能够完全控制落水者时，即可从落水者背后将其拖带至安全地带，在拖带时需保持落水者身体与水面平行，但若落水者颈椎、脊椎受伤，则不可使用夹胸托腋，若落水者呼吸微弱或已无呼吸，则应立即实施人工呼吸。

(1) 托腋带人

(以右臂为例) 救生者右手从落水者右肩上穿过，上臂和肘紧贴落水者胸部，右腋下紧贴落水者右肩，右手托住落水者左臂腋下，再以侧泳等泳姿拖带。

此方法适用于风浪急或流速较大，落水者激烈挣扎时。

(2) 托双腋带人

若落水者易于控制，比较配合，可以双手托住落水者同侧腋下，以反蛙泳方式游进，游进时略含胸收腹。

(3) 托颚带人

当落水者露出水面，神志尚清醒，挣扎不厉害时，可采取托颚的方式。一手小臂紧贴落水者肩膀往上顶，使落水者胸部露出水面，颈部后仰，另一手掌心朝上，五指向前，向上扶住背部，之前顶肩的小臂抽出，用手托住落水者下颚，不要压住喉咙，再以反剪泳的姿势游进。

⑷ 托双颚带人

落水者不挣扎，有意识时，可配合时，可采用托双颚的方式，托住两侧颚部，使落水者口鼻始终保持在水面上，落水者辅以自身的划水动作，救生者以反蛙泳游进。

⑸ 抓发带人

若水面风平浪静，且落水者有较长头发并处于失去知觉或半昏迷状态，可以使用抓发的方式，先用一手小臂紧贴落水者肩部上顶，将落水者抚平，并划水几次获得前进动力，然后划水的手抓住落水者前额发根，使面部高于水面，再以侧泳或仰泳游进。

⑹ 穿背握臂带人

在水域较大的区域，救生者单人拖带距离长需要换手时，可以将一只手从落水者同侧（左手从左侧，右手从右侧）腋下穿过，从另一侧腋下穿出紧握其上臂，落水者双手垂于背后，救生者单手侧泳或单手蛙泳游进。

⑺ 扶肩带人

当落水者意识清醒，可自主活动只是很疲惫而无力游上岸时，救生者可在安全距离上与落水者对话，表示准备救他，安慰其保持冷静，待落水者明确配合后，让落水者手掌呈抓握状搭在救生者肩头，双腿叉开轻靠在救生者腰间，救生者以抬头蛙泳拖带落水者前进。

⑻ 抓衣带人

当落水者着衣落水且已失去知觉，或者较为配合不挣扎时，救生者可以一手抓住落水者衣领或颈后的衣服，另一手划水，以侧泳拖带，在拖带时注意观察落水者状态，口鼻淹水或者衣领卡喉时应停下整理，确保其口鼻在水面，以及解开第一颗纽扣。

⑼ 抓腕带人

当落水者着衣落水且已失去知觉，或者较为配合不挣扎时，救生者可以一手伸直抓住落水者手腕关节，另一手划水，以侧泳拖带，在拖带时注意观察落水者状态，口鼻淹水时要适当将其拉高，如果有两位救生者，则可各抓一个只手腕。

（10）双人托臂带人

有两名救生者时，可以分别在落水者两侧各抓住落水者一只手的手腕，上举后翻，使落水者后仰，再夹住其大臂腋下位置，以相同速度侧泳拖带。

6. 上岸

当落水者清醒时，可以采用以下方法：

（1）马镫式上岸

在浅水处上岸时，救生者双手十指交叉做垫，托起落水者一只脚，协助其爬上岸。

（2）拖引上岸

若落水者极度疲乏无力攀扶上岸，救生者将双臂从落水者背后腋下穿入，翻转手腕并抓住落水者手腕，后退拖引上岸。

（3）深水上岸

以右手夹胸托腋拖带到岸边，岸边较高，落水者无力独自上岸时，救生者左手抓握岸边定位，右手推落水者至岸边边沿，然后用右腿膝盖顶住落水者臀部，腾出右手上托落水者脚底，协助其上岸。

当落水者意识模糊，昏迷时，可以采用以下方法：

（1）直拉式上岸

动作一：救生者以右臂夹胸托腋拖带至岸边，划水的左手抓扶岸边定位，右手推动落水者贴近岸边边沿；

动作二：夹胸的右手抓住落水者左手手腕，放到岸边定位处，救生者左手将其按住；

动作三：夹胸的右手下滑抓住落水者右手手腕，放到其左手上重叠，救生者左手将落水者双手按住；

动作四：救生者右手持续紧按落水者双手于岸边，腾出左手抓岸边物体着力，上岸。

动作五：上岸后，面对水池，左手紧握落水者左手腕关节，右手紧握落水者右手腕关节，抓紧后，提起落水者将其转体 180° 背对岸边；

动作六：救生者双脚开立站定，利用水的浮力先预提一次，然后用力将落水者拉起至臀部高于岸边，再后拉使其坐到岸边。

(2) 消防员式上岸

水深及腰处还有一定浮力，此时救生者的力量若可以背负落水者，可采用此方法。

动作一：救生者一只手托住落水者颈部，一条腿的膝盖顶住落水者的腰部，另一只手托住落水者的大腿，落水者几乎呈水平仰浮于水面，用托颈部的手将落水者内侧手臂置于救生者腰后；

动作二：托住落水者腿的手由内向外抱住落水者外侧腿，救生者同时下蹲没于水中，将落水者向内翻转 180° ，将落水者腹部置于肩上；

动作三：救生者穿过双腿的手抓住落水者的同侧手（右手抓右手），另一只手托住落水者面颊，站起向岸边走，使落水者面部低于其躯体，以免影响呕吐；

动作四：到岸边救生者转体 180° ，背对岸边，将落水者靠在岸边边沿，肩部用力上顶后仰，将落水者推上岸边。

小贴士
XIAOTIESHI

危险时刻如何自救

1.声响求救：遇到危难时，除了喊叫求救外，还可以吹响哨子、击打脸盆或其他能发声的金属器具，甚至打碎玻璃等物品向周围发出求救信号。

2.光线求救：遇到危难时，可以用手电筒、镜子反射阳光等办法求救。每分钟闪照 6 次，停顿 1 分钟后，再重复进行。

3.抛物求救：在高楼遇到危难时，可抛掷软物，如枕头、书本、空塑料瓶等；引起下面注意并指示方位。

4.烟火求救：在野外遇到危难时，白天可燃烧新鲜树枝、青草等植物发出烟雾，晚上可点燃干柴，发出明亮耀眼的火光向周围求救。

5.摆字求救：用树枝、石块、帐篷、衣物等一切可利用的材料，在空地上堆摆出“SOS“或其他求救字样。每字至少长 6 米，便于空中援救人员识别。

6.摩尔斯电码求救：用摩尔斯电码发出SOS求救信号，是国际通用的紧急求救方式。

此电码将s表示为“· · ·”，即3个短信号，0表示为“— — —”，即3个长信号。长信号时间长度约是短信号的3倍。这样，SOS就可以用“三短、三长、三短”的任何信号来表示。可以利用光线，如开关手电筒、矿灯、应急灯、汽车大灯、室内照明灯甚至遮挡煤油灯等方法发送，也可以利用声音，如哨音、汽笛、汽车鸣号甚至敲击等方法发送。每发送一组SOS，停顿片刻再发下一组。

常用英语求救单词

SOS………………　求救

SEND………………　送出

DOCTOR……………　医生

HELP………………　帮助

HURT………………　受伤

TRAPPED……………　受困

LOST………………　迷失

(荆州市人民政府网)

第四节　冰上救生　沉着面对

冬天的冰面是一个充满童趣的游乐场所，也是一个危机四伏的水域安全事故多发点，如果有同伴不慎掉入冰窟窿，我们该怎么应对呢?

身边的案例

【“最美大学生”周桂川冰窟救人】

“当时只想赶紧救人，其他什么都没考虑。没什么可感谢的，这是每个人都应该做的。”周桂川回忆当时从冰窟窿中救人的情景。周桂川是河北工业大学电气学院C102班的一名普通学生。当时他从献县十五级乡北后庄村边池塘抄近路回家，突然听到池塘方向传来很大的呼救声，他急忙跑过去，发现冰面上有两个窟窿，一个在冰面正中间，里面挣扎着一位大约三十多岁的女子；另一个在池塘北边离岸较近一点，里面是一个三十岁左右的母亲，双手举着一个小女孩拼命地向上托着；再北边还有一个小女孩浸在离岸边较近的水里面。周桂川见状，没多想就拼命地跑了过去。

这时孩子的父亲和叔叔已经下了水，二月份冰面有的地方已经很薄了。周桂川在岸上一边呼喊着大家来帮忙救人，一边稳住重心把身子探下去伸手拉他们。他先把离岸边较近的小女孩拉起来，并把她安全地抱上岸，这个小女孩因为落水不久，看起来并无大碍。随后，大家开始营救另一名小女孩和她的母亲，小女孩在冰水中冻了很久，把她抱上岸的时候已经没有了任何反应，岸上的人急忙将小女孩和她母亲送往医院。

此时，池塘里还剩下一名女子处在冰水的最深处，这个池塘中间地带是之前挖掘机挖的深沟，这几年雨水又大，最深处可达4m多，而她恰好就被困在这里。这时有人拿来了绳子，周桂川和其余二人小心翼翼地踩在薄薄的冰面上，试图靠近一点能够把绳子扔到冰窟附近，结果还是不行。就在这个紧急时刻，站在他前面不到1m远的两人脚下的冰突然破碎了，水面一下子就淹没到了他们的脖子。周桂川赶忙撤到岸边，急中生智把旁边的小杨树扔到水中，奋力把他们拽了上来。这时，另外两个村民跳下了水，其中一个腰上绑着绳子，游到了那名女子身边，三人抱在一起，周桂川和岸上的村民一起将水中三人拉了上来。随后，落入冰窟和参与救人的8个人都被及时送往医院，最后都脱离了危险。

整个救人过程持续了一个小时左右。当周桂川确认成功解救落水人员之后，悄无声息地离开了现场，而此时，他的双腿双脚早已被刺骨的冰水浸透。（来源：2014-03-05 网易 作者：于巍）

【安全寄语】周桂川的勇敢挽救了四位落水者的生命，我们为这位大学生点赞！冰层作为一种特殊的水域场所，在应对时除了沉着冷静，更要讲究科学和技巧，如果蛮干，极有可能使更大范围的冰层破裂，危及救生者自身。

安全警示

冰冻时期，喜欢探险和刺激的人总想尝试在冰上玩耍，但因无法直接观测到冰层的厚度，忽略了其危险性，往往就会造成伤亡事故。资料显示，当人在冰水混合物中超过 10 分钟就会出现肢体麻痹、抽筋等情况，而在零下 20℃的环境中，一旦落水 2 分钟就会失去知觉。如果因冰层破裂而落水的被困者在 2 分钟或入水 30 分钟以上没有得到有效救援，则生存希望渺茫。

在日常生活中，我们时常接触到一些关于冰上救生的要点信息，比如出于增加冰面受力面积，降低冰面破碎风险的目的，救援者在到达冰窟的过程中，最好垫上木板等物，在接近冰窟的时候应匍匐前进等，那么，一个完整的冰上救生过程有哪些环节和细节呢？什么样的操作才是安全、快速、科学的冰上救生呢？

危机预防

以一个掉入冰面的案例为例，我们可以采取如下方式救援：

首先要确定落水者的位置，救援者首先要做好自身的保暖与安全防护，不要脱衣服，条件允许的情况下用长绳一端绑住腰间，另一端绑住岸边固定物或交由他人抓紧，另携带一端打环扣的绳子以利于落水者抓握或套住落水者。有专业设备支持时，则穿着冰上救援服，系好安全绳作保护，携带救援杆，爬行靠近被困者。

在靠近被困者约 2m 处时，将打环扣的绳子抛出，落水者若有意

识，则嘱咐其配合将绳子套在手腕或双臂腋下，若无意识，则需要救援者尝试套住落水者脖子以外的身体部位，拉紧。若有救援杆，则直接将救援杆伸出，套住被困者的一只手，然后拉紧。

在确定落水者套好绳子，或者手与救援杆上顶端的“绞刑索”相互固定后，救援者呈半蹲姿势，重心向后，借助水的浮力，用力将被困者拽出水面。

落水者被拽出后多已麻痹，无法活动。救援者可将落水者竖直

放置于担架旁，再以翻滚的方式将落水者推至担架上，如果无担架设备，也可以用木板或者平铺的衣服担当担架功能。注意将落水者仰面朝上保持呼吸畅通。在无人帮忙的情况下，救援者可一人拖行。

为尽快上岸，救援者可以呼叫岸边人员抛绳，固定于担架或其他拖行物上，协助将落水者拉升到安全地带。在拉升过程中，救援者要注意保持担架等拖行物的稳定，避免碰撞，避免对落水者二次伤害。

在紧急情况下，可使用类似物品替代“安全绳”“救援杆”等专业设备，但基本的安全要点是一致的，救生者务必沉着冷静，讲究科学，在救人时同时保证自身的安全。

冰上运动受伤后自救小贴士

冰上运动大大小小的损伤总是难免的，我们总结如下应对措施来帮助广大冰上运动爱好者学习，需要的时候可以用得上。

1.“大米原则”

休息

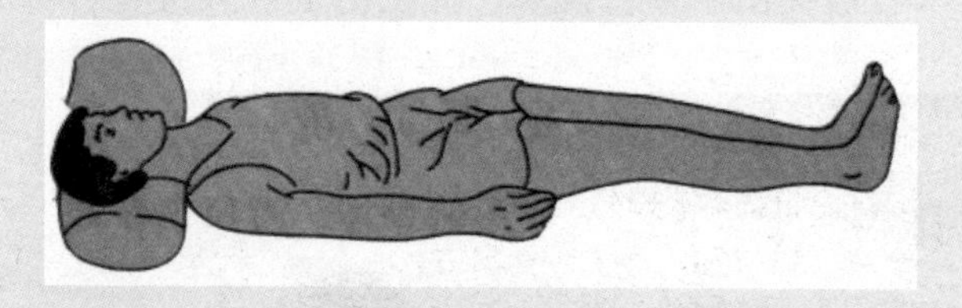

冰敷

加压包扎

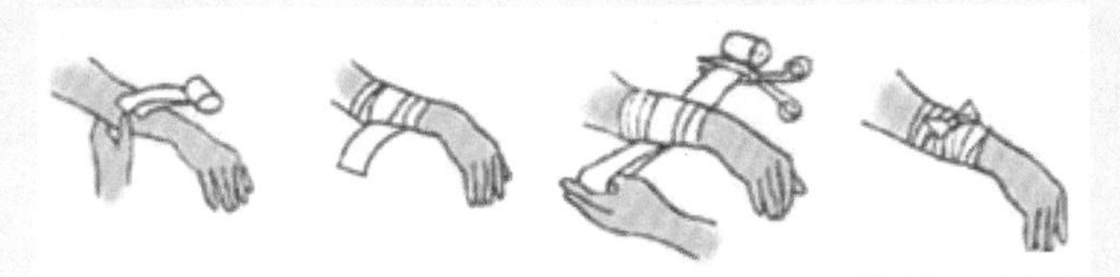

抬高患肢

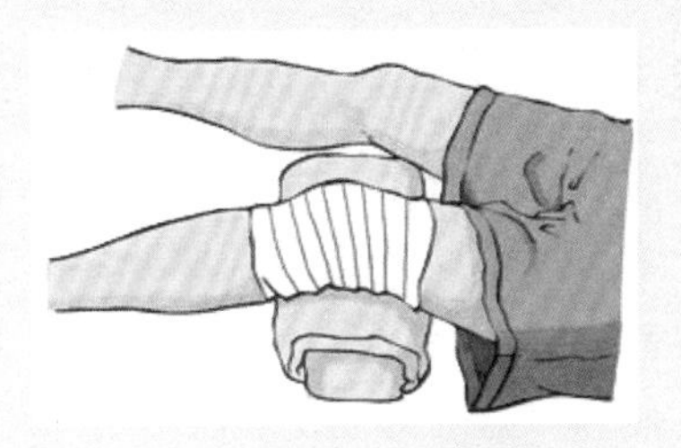

2.骨折和脱位的现场固定

如怀疑骨折，关节脱位，务必采用身边一切可以利用的硬质资源对肢体进行固定，如书本、木板等，若环境中没有任何资源，可以利用伤者自己身体的躯干部分固定受伤肢体。固定的目的是减轻疼痛，并减少发生进一步损伤的可能。

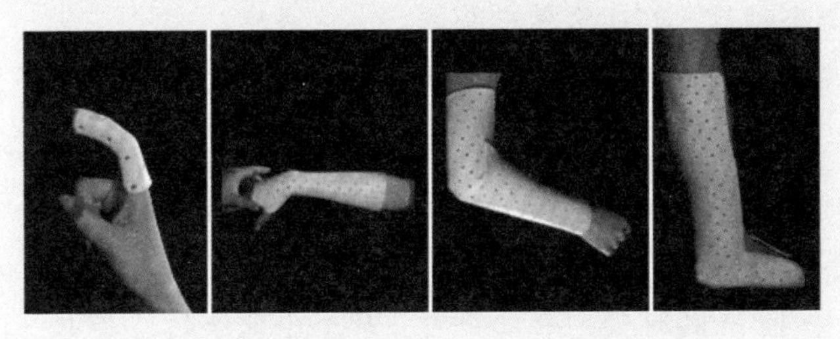

3.当伤害发生在手腕或者其他上肢部分，应该在第一时间摘掉戒指，手镯等饰物，避免继发水肿和伤害。

（北京和睦家康复医院微信号）

第五节　岸上急救　赢得新生

当历经艰险将落水者救上岸后，往往落水者已经神志不清甚至奄奄一息，此时急需进行现场急救，不然贻误最佳时机导致落水者出现生命意外，整个救援行动将会功亏一篑。

身边的案例

【荷兰护士急救溺水大学生——一名高校男生昨在石老人浴场被浪卷走 半小时后被救起送往医院仍未脱险】

青岛某高校四名大学生昨天中午结伴到石老人海水浴场玩耍，其中一名大学生小郭在下水游泳过程中被涌起的大浪卷走。事发后，先后经过两艘快艇和一艘摩托艇的海上搜救，大约半个小时，溺水的小郭被摩托艇发现，并被救上了岸。此时，小郭已经昏迷，在附近游玩的一名荷兰女护士发现后，与其他两名热心市民一起为小郭做心肺复苏抢救。大约一个小时后，120急救车将依然昏迷的小郭送往了青医附院东院救治。

惊魂：

一个浪卷走游泳大学生

“大约中午12点的时候，有四个大学生在海边玩，都是男孩，其中两个坐在岸边，两个下水游泳了。当时的海浪很大，一个浪头打过来把一个男孩卷走了，另一个男孩就赶紧上岸告诉其他两个同学，三个人马上下海找那个被浪卷走的同学，找了一会儿没找到，又赶紧上岸求救。”昨日下午1时30分左右，面对平静的海面，在石老人海水浴场游玩的孙先生向记者讲述了半小时前刚发生的惊魂一幕。接到3名大学生的求救后，浴场方面先是派出了两艘快艇在附近海域进行搜救，未果，又派出一艘摩托艇进行搜寻，大约30分钟后，摩托艇发现了漂浮在海面上的小郭，并将其救上了海岸。

……

危急：

荷兰女子热心抢救大学生

小郭被救上岸后几乎没有了呼吸，此时苏先生连忙上前参与了对小郭的及时抢救。“当时我们是三个人一起抢救那个小伙子的，其中一位还是一名来自荷兰的女护士，她是休假来青岛旅游的，因为比较专业，她一上来就给小伙子做心肺复苏，不一会儿就满头大汗，而且一边说一边进行抢救，我们听不懂她说什么，着急的同时也觉得很感动，我们也一起帮着她做。”苏先生告诉记者，这名热心的荷兰女护士名叫“瑞娜”（音），他们一起给小郭做心肺复苏，连续做了近一个小时，小郭逐渐有了微弱的心跳和呼吸，但瞳孔散开了。

随后，120急救车赶到现场，将还在昏迷之中的小郭送到了青医附院东院区。大约下午3时左右，小郭的老师和同学已经赶到了医院，并通知了小郭在日照的父母。记者从医院了解到，小郭已被送往重症监护室，已经有了自主心跳，呼吸忽强忽弱，正在接受输氧治疗，但仍处于危险之中，需进一步治疗。（来源：2009-6-27《青岛晚报》作者：卢刚 钟秋）

【安全寄语】幸运的小郭遇到了一位懂急救的护士，科学的现场急救为他赢得了重生的宝贵时间，其实基本的急救常识并非医护人员的专利，同样也适合于我们所有人学习和掌握，那正确的溺水现场急救该怎么做呢?

安全警示

在医学上，溺水被详细的划分为淹溺、近乎淹溺以及心跳呼吸都还未停止的溺水。特殊情况下，人的肺容量极限值可以达到5000~6000ml，超过这个极限值，肺表面的活性物质就会遭到破坏，血液浓度降低，最终导致心脏暂停、大脑缺氧。如果5分钟内有人对溺水者进行心肺复苏，抢救成功率会非常高。

溺水者被救上岸后，如已昏迷、心跳停止、呼吸停止等，应立即采取措施进行现场急救，然后再转送医院抢救。岸上急救的目的在于迅速恢复严重溺水者的呼吸和心跳。急救及时，方法正确，有时甚至可以使几乎毫无希望的溺水者转危为安，但若耽误了上岸后的最佳急救时机，则可能会使整个救生工作前功尽弃。

危机预防

正确的现场急救可以从以下几个步骤展开。

1. 疏通呼吸道

①迅速解开溺水者衣服、腰带，擦干身体；

②清除口、鼻中的泥、杂草、泡沫、呕吐物、假牙等，喉咙部位有阻塞物时，可将溺水者脸部朝下，用力拍一下后背，将阻塞物拍出气管；

③溺水者牙关紧闭时，可在其脑后用双手大拇指将下颌关节用力前推，双手食指和中指向下扳下颌骨，可将口掰开，然后将小木棒夹于齿间。

2. 空水

将溺水者俯卧于一名救生者的背部，另一名救生者压其后背，使其将水吐出；或者救生者一腿跪地，另一腿屈膝，将溺水者腹部搁在屈膝的腿上，然后一手扶住溺水者的头部使口朝下，另一手压溺水者的背部，使进入溺水者呼吸道、肺部和腹中的水排出。

3. 人工呼吸

①人工呼吸的原理

人体正常呼吸时，吸入的新鲜空气中氧气约占 21%，二氧化碳约占 0.04%，经过肺泡内的气体交换，呼出气中氧含量降低，但仍占 16%左右，二氧化碳含量则增高到 4.4%左右。因此，进行人工呼吸时，救生者吹出的气中仍有较多的氧气，可供溺水者所需。另外，因吹出气中二氧化碳含量较高，会刺激溺水者的呼吸系统，促其恢复自然呼吸。

②人工呼吸的时长和节律

人工呼吸因溺水程度不同需要的时长不同，救生者进行人工呼吸时不能轻易放弃，应坚持到溺水者完全恢复正常呼吸才能停下，在实践中，有很多人是做了数小时的人工呼吸后方才复苏。人工呼吸的节律约为每分钟 15 ~ 20 次。

③人工呼吸的方法

常用的人工呼吸法有口对口吹气法和口对鼻式人工呼吸，一般情况下均采用口对口式，当溺水者口腔内有血液或其他分泌物，或者有损伤时，可将溺水者口部封住，采用口对鼻式人工呼吸。

<table>
<tr><td rowspan="5">口对口式人工呼吸</td><td colspan="2">头部位置</td><td>仰卧平放，颈下垫衣物，头稍后仰，呼吸道拉直。</td></tr>
<tr><td rowspan="4">技术动作</td><td>手部</td><td>一手捏溺水者鼻子，一手托其下颌。</td></tr>
<tr><td>吹气</td><td>深吸气，封住口，吹气使溺水者胸腔扩张。</td></tr>
<tr><td>放开</td><td>吹进空气后(约 1500ml，成人多些，儿童少些)，嘴和捏鼻的手同时放开，溺水者胸腔在弹性的作用下回缩，气体排出肺部。</td></tr>
<tr><td>配合</td><td>另一名救生者可配合用手轻压一下溺水者的胸部，帮助其呼气，如此周而复始地进行。</td></tr>
</table>

4. 胸外心脏按压法

①胸外心脏按压的时机

当溺水者心跳已停或极其微弱时，可将胸外心脏按压与人工呼吸配合进行，通过间接挤压心脏使其收缩与舒张，使其恢复泵血功能，最终使溺水者恢复自主心跳与呼吸。

②胸外心脏按压的方法

身体姿势	溺水者仰卧平放，救生者骑跪其大腿两侧或跪在其身旁。
手部动作	两手掌相叠，掌根按在溺水者胸骨下端(对儿童，只需用一个手掌；对婴幼儿，只需三个手指)。
下压	双臂伸直，身体前倾，借助身体的重量稳健的下压，压力集中在掌根，使溺水者胸骨下陷约3~4cm。
复原	救生者上体复原，迅速放松双手，但掌根不离位。
节律	有节奏地进行，每分钟约60~80次。下压时用力均匀，不宜用力过猛，松手要快。
时长	需耐心与毅力，视溺水者状况而定，长时需要数小时。
配合	两人配合施救，则一人做胸外心脏按压，另一人做口对口人工呼吸；如只有一人施救，则是吹一口气后，做5~8次心脏按压，然后再吹气。

5. 保暖

经现场急救溺水者心跳呼吸恢复以后，可脱去湿冷的衣物以干爽的毛毯包裹全身保暖；如果在寒冷的天气或长时间的水中浸泡，在保暖的同时还应给予加温处理，将热水袋放入毛毯中，注意防止发生烫伤。

启航海事：海上救生须知的一些小知识

对海上求生者来说，淡水比食物更重要，人失去1/5以上体液时就会死亡。据悉，人每天饮水量以0.5升为维持生命的最低限度。有淡水无食物时，求生者仍可生存30至50天，但如果无淡水只有食物，则仅能维持数天生命。海上遇险如何找到淡水？天津海事局负责人表示，可以收集雨水和露水，雨水不能长期保存，有雨水时先喝雨水；生鱼眼球有相当的水分，鱼的脊骨不仅含有可饮的髓液且含有大量蛋白质，将捉的鲜鱼切成块，放在干净的布中拧出体液存到容器中。此外，海水不可直接饮用，但可利用太阳能蒸馏海水得到淡水。

了解如何使用救生衣、救生圈、救生筏也十分重要。应把救生衣腰带分别从左右两头绕到身后，再绕到前面一周，在胸前用力收紧打死结系牢，然后将领口带系牢；救生圈有的配有自亮灯浮，以便夜间指示位置；救生筏则是一封闭白色存放筒，抛入水中后自动充气能将救生筏打开。

乘坐客船有哪些基本注意事项？

(1) 上、下船时，一定要等船靠稳，待船员安置好上下船梯子后再行动。上船后要听从船员的安排，并根据指示牌寻找自己的位置。不拥挤，不随意攀爬船杆，不跨越船挡，以免发生意外落水事故。

(2) 客船航行时，不要在船上嬉闹；摄影时，不要紧靠船边，也不要站在甲板边缘向下看波浪，以防晕眩或失足落水。观景时切莫一窝蜂地拥向船的一侧，以防船体倾斜，发生意外。

(3) 航行途中一旦发生意外事故，乘客应按工作人员的指示穿好船上配备的救生衣，不要慌张，按照安全出口示意图和工作人员的指示撤离，更不要乱跑，以免影响客船的稳定性和抗风浪能力。

(4) 若在航行途中遇到恶劣天气临时停泊时，要静心等待，不要催促船舶冒险开航，以免发生事故。

根据灾害性天气的严重性和紧急程度，突发灾害预警信号分四级（Ⅳ、Ⅲ、Ⅱ、Ⅰ），颜色依次为蓝色、黄色、橙色和红色，分别表示一般、较重、严重和特别严重。当市民通过各种媒体获得这类消息后要引起注意，当看到（或听到）黄色以上预警信号后要高度警惕，应做好各种避险准备，取消乘船计划。

（中国贸易新闻网）

Chapt 3
判断能力篇
PANDUAN NENGLI PIAN

第五章
身体状况判断

知识要点：

游泳之前　评估体质
游泳之时　防护健康

第一节　游泳之前　评估体质

适度参加游泳运动可以强身健体，但无论公开水域游泳还是泳池游泳，下水前后均应对自身身体状况作出正确判断，确保在享受水中乐趣的同时，维护身体健康与水域安全。

身边的案例

【香港一游泳池发生意外，13 岁女生溺水身亡】

香港彩虹斧山道泳池发生严重意外，1 名 13 岁不谙泳术的女生，一日独自在儿童戏水池玩耍期间，被泳客发现俯伏于仅 2 尺深水中，两名男女泳客见状，数度向池边瞭望台的救生员挥手求救无果，至走到瞭望台下大声呼喊，救生员始知发生事故。女童估计遇溺逾 5 分钟，被救起已无呼吸脉搏，送院证实死亡。警方调查意外原因。

死者患癫痫 警查病发或撞晕

意外现场为斧山道泳池嬉水池一条绿色滑梯边，据悉，嬉水池当时设有 2 个有救生员当值的瞭望台。意外溺毙女童陈咏心，13 岁，身材肥胖，陈女患有癫痫，由于现场水深仅约 2 尺，警方正调查她是否跌倒撞晕抑或因隐疾病发昏迷，终致溺毙池水中。

旁人多次挥手 2 救生员未发觉

昨天上午陈女与7名同校男女同学趁劳动节假期往上址嬉水，由于她不谙泳术，独自留在戏水池玩耍。至下午3时，与儿子在戏水池玩耍的李太（约30岁），发现陈女俯伏于一条滑梯边水中，初时以为她在闭气潜水，唯3分钟后仍见对方一直不动，疑她遇溺，即挥手通知池边2个瞭望台的当值救生员，唯对方未有察觉。

泳客瞭望台呼叫 救起无呼吸

另1名男泳客见状亦协助挥动手中滑板示意求救，岂料救生员仍未发现，男泳客唯有走到其中一个瞭望台下大声呼喊，救生员发现后，实时跳下水救起陈女，她已面色发黑，口吐白沫，全无呼吸脉搏。

救生员在池边为陈女急救及报警，稍后送抵观塘联合医院抢救，延至下午4时许证实返魂乏术。女童母亲赶到医院得悉噩耗，伤心欲绝，需护士扶往一边安抚。与陈女同往游水的同学均显得神情哀伤。

工会称救生员第一时间救人

港九救生员工会郭总干事对意外感惋惜。据他了解，当时救生员发现有人遇溺已第一时间救人。他指出，戏水池虽水浅，但使用者多为小童，故救生员也会留意安全问题。当然，若能在池边不同角度派驻救生员站岗，泳客安全就更具保障。（来源：2010-05-02 中国新闻网 ）

【安全寄语】水域活动的环境复杂，突发状态下的紧张与激动极易诱发身体的潜在疾病，这为我们敲响了警钟：下水前一定要先检视自己的身体是否适合水中活动，如果不适合，不得下水。

安全警示

游泳之前要正确判断自身身体状况，特别需要注意以下两点：

1. 防范疾病

中耳炎、心脏病、皮肤病、肝、肾疾病、活动性肺结核、高血压、癫痫、红眼病等慢性疾病患者，及皮肤有损伤、感冒、发热、饮酒、精神疲倦、身体无力都不要去游泳，因为上述病人参加游泳运动，不但容易加重病情，而且还容易发生抽筋、意外昏迷，危及生命。传染病患者也易把病传染给别人。

2. 身体疲劳

参加强体力劳动或剧烈运动后，不能立即跳进水中游泳，尤其是在满身大汗，浑身发热的情况下，不可以立即下水，否则易引起抽筋、感冒等。

危机预防

我们对于自身的身体状况应该有一个清醒的认识，从事水域活动量力而行，不逞能，不蛮干，避免将身体的不适带到水中，引发危险。

1. 养成良好的卫生习惯，自备游泳用品

自带衣物储存袋和泳衣、泳帽、泳巾、拖鞋及洗浴用品，最好不要多人合用或交换使用。公共游泳池的更衣室通常都比较简单，凳子、马桶、储物柜都是共用的，难免沾上细菌。所以在换衣服的时候，尽量不要让皮肤直接接触凳子，换下来的衣服也要用干净的袋子装好，特别是内衣最好裹在外衣里面装好。尽量不使用共用的拖鞋、浴帽、毛巾、救生圈等物品，最好是自带上述物品，避免交叉感染。游泳前要淋浴，冲洗掉身上的汗液，以免污染池水，沐浴结束后，再经浸脚消毒池进入泳池，

2. 饱食或者饥饿时，饭前饭后不要立即游泳

空腹游泳会影响食欲和消化功能，也会在游泳中发生头昏乏力等意外情况；饱腹游泳也会影响消化功能，还会产生胃痉挛，甚至呕吐、腹痛现象。

3. 女性在生理期抵抗力下降，不宜下水游泳

一方面游泳时冷水刺激，另一方面，游泳池的水虽然是循环消毒，但水却不可能无菌，有的地方消毒不彻底就更没有健康保障。在生理期游泳易引起生殖系统感染，也可能导致月经失调。

4. 下水前做好准备活动

每次下水以前热身 10 到 15 分钟，活动关节以及各部位肌肉，可以做一遍体操，伸伸胳膊和腿、弯弯腰、跑跑跳跳、活动活动各个关节，增加肌肉的力量和弹性，使得身体适应游泳活动的需要。准备活动不足而突然进行较剧烈的活动，容易使肌肉受伤或发生其他意外。

5. 在入水之前先体验一下水温

水温对血液循环、心脏、血压、呼吸、新陈代谢、人体皮肤、肌肉都有影响，如果水温过冷或者过热时尽量不要急于下水，避免身体不适，发生意外。

小贴士
XIAOTIESHI

哪些人不适宜游泳

1.患有肺结核、肺气肿、肾炎、沙眼、急性结膜炎、角膜溃疡、高度近视、急性鼻窦炎的人不宜游泳；剧烈活动后的人和酗酒者，不要马上进行游泳。

2.妇女月经期、孕妇、产后两个月内、人工流产或结扎输卵管一个月内、上环后半个月内均不能游泳。

3.患有严重心脏病、高血压和精神失常的人，下水容易突然晕倒或失去知觉。

4.患有病毒性肝炎、细菌性痢疾、红眼病、性病、体癣等传染性皮肤病患者，不可参加游泳，以防止传染病传播。

5.耳聋者不宜参加游泳，因耳聋者中耳内调节平衡的器官也会受到损伤，从而削弱了身体平衡能力，常因失去平衡而发生溺水事故。鼓膜干性穿孔者下水后，水就会经鼓膜的穿孔部位进入中耳腔而引起急性中耳炎，故不宜游泳。

（三联网）

第二节 游泳之时 防护健康

水中有多重因素会影响到我们的健康，诸如细菌、水温等。因此，在水域活动中，我们要适当谨慎，冷静的以规范的动作来防护健康。

身边的案例

【英国1个露天泳池致多人泳后生病腹泻】

炎炎夏日，游泳是解暑纳凉的选择之一，不过基本的安全健康知识也必不可少。据英国《每日邮报》7月17日报道，英格兰约克郡赫布登布里奇市的国家公园里，不少年轻人因为在一个以抽取河水而形成的临时泳池里游泳后而生病、腹泻。据报道，该水是从附近的考尔德河 (River Calder) 抽取来的，当时的水质浑浊并呈现出棕黄色。

当地委员会已就此事件展开调查，想要弄清河水是如何运送到泳池的。公园附近的一所高中也向学生家长发出信件，称本次游泳并非学校组织的官方活动。环境健康局官员向市民发出告示，希望但凡在此处游过泳的人都能去看看医生。紧急救援部门也警告市民，切勿在露天水源里游泳，以免发生意外。(来源：2013–07–18 环球网)

【安全寄语】 生活经验告诉我们，泳池作为人流聚集的公共场所，也必然是疾病容易交叉感染的多发地带。在水质不合格的场所游泳，不但感觉不到惬意，也得不到健康。

安全警示

游泳过程中存在一些潜在危险，诸如腿抽筋、头晕、头痛、恶心、呕吐、胸闷、耳痛、耳鸣、腹痛、腹胀、眼睛痒痛等。游泳时如胸痛，可用力压胸口，等到稍好时再上岸，若腹部疼痛时，则应尽快上岸，最好喝一些热的饮料或热汤，以保持身体温暖。我们在游泳过程中，应遵循基本的公德，不在泳池中吐痰、抽烟或大小便等。

危机预防

下面简单列举游泳过程中潜在的健康风险和相应的预防措施。

1. 结膜炎

结膜炎又称红眼病，可通过公共用具、洗漱用品、水等介质传染。如果游泳池消毒不彻底，池中只要有一个人患结膜炎，交叉感染的概率就会大大增加。感染结膜炎病菌后，一般潜伏期为 1 ~ 3 天，发病时多表现出双眼红肿、结膜充血、流泪、分泌物增多、不敢睁眼等症状。另外，对于眼睛本身已有炎症以及刚做完眼睛手术者，最好不要去游泳，防止引发更严重的感染。

防范妙招：

（1）选好游泳馆

正常情况下，站在游泳馆泳池边能闻到淡淡的氯气味。如果氯添加过多会产生刺鼻的味道，过少则闻不到氯味。游泳应选择卫生条件好、水质清澈透明、氯气味适中的游泳馆。在游泳池里游泳，因受到漂白粉消毒剂的轻度刺激而引起的结膜炎，常常是在出水以后眼睛有轻微发红，数分钟至数小时以后就会自行消失，一般不必到医院治疗，但如果症状有加重趋势，感染了急性结膜炎，不要擅自点滴眼药水，以防感染加重，最好到正规医院看医生。

（2）不要用手揉眼睛

如果游泳池水中氯气含量超标，将不可避免地对皮肤和眼睛产生刺激，游泳时不要用手揉眼睛，若有揉眼睛的情况，可用清水冲洗眼部，用以止痒，也可以将手洗干净后，轻轻按压眼皮止痒。

（3）佩戴合适的泳镜

游泳时不能戴隐形眼镜，潜水时尽量把眼睛闭上，可以准备一副合适的泳镜，游泳前检查好是否有漏水现象。游泳时戴上泳镜，可以减少眼睛与池水的接触，从而有效隔离细菌。泳镜不要借给他人，以免交叉感染。

（4）点眼药水

可备一瓶氯霉素眼药水，如果游泳后眼睛感到不适，清洗过后滴 1 ~ 2 滴，滴时不断眨眼，这样可以把眼里的细菌、病菌冲出来，减少感染结膜炎的机会。

2. 中耳炎及外耳道炎

细菌经咽鼓管进入中耳会导致中耳炎。人们在游泳时经常出现的耳朵进水、鼻子呛水等情况，就有可能导致中耳炎及外耳道炎。中耳炎发病时，多出现耳朵疼痛、瘙痒、流脓等症状。

防范妙招：

（1）别带病游泳

若患有感冒、鼻塞、鼓膜穿孔，暂时不宜游泳。另即使是在身体健康时游泳，也可在游泳时多浮出水面做些吞咽动作，以帮助中耳腔内与外界气压保持平衡。

（2）清理耳朵积水

游泳后将外耳道内残留的水用干净的棉签拭干，以免细菌滋生导致外耳道炎。如果残留的水比较多，可以将头歪向有积水的一侧，用手轻拉耳部，把耳道扯直，水就会流出来。也可让有积水的一侧耳朵向下，同侧的腿单腿原地跳几下，把水震出来。

（3）呛水后正确处理

呛水后，不能同时捏住两侧鼻孔用力擤鼻子，这样会使细菌或病菌进入中耳或鼻窦。正确的处理方法是：手心对准进水一侧耳道，尽量把耳朵堵严实，然后把头歪向同侧，接着迅速把手移开，水就会被吸出来。游泳时戴好耳塞，可以预防耳朵进水，从而减少感染概率。

3. 鼻窦炎

初学者游泳很容易呛水或吸气时鼻内进水，此时分泌物和众多细菌被呛到鼻窦内，容易诱发鼻窦炎。鼻窦炎的症状跟感冒类似，都有头痛、鼻塞、流涕等表现，要注意区别，必要时及时就医。

防范妙招：

（1）禁止跳水、打闹

游泳时尽量不要跳水、潜水或在水中打闹，否则很容易呛水，若呛水，水将进入鼻腔及鼻窦，引发感染。对于初学者，注意头部入水前要先深吸一口气，入水后尽量不要呼吸，以避免鼻腔进水。

⑵ 清理鼻腔进水

如果鼻腔进水，应按住一侧鼻翼，轻轻将水往外擤出，或将头偏向同侧 2～3 分钟，使鼻腔里的水流出来。过敏体质泳者，要远离漂白粉的环境，最好到海滨或是天然浴场游泳。

⑶ 温盐水洗鼻

游泳后，如果出现了鼻塞、流鼻涕、头痛等症状，可用温盐水洗鼻，方法是：用手掬起一些温盐水，对准鼻子，用小拇指堵住一侧鼻孔，用另一侧鼻孔吸水。吸水后头马上向后仰，等水流到口中时，吐出，反复洗几次，再洗另一侧鼻孔。必要时应去医院就诊。

4. 皮炎

为了降低成本，许多游泳馆换水频率低，水质较差，在游泳之后很容易患上皮炎。另外，如果在露天浴场，容易晒伤引起日光性皮炎。患皮炎的皮肤会表现为发红、皮疹、刺痛、瘙痒、脱皮等现象。

防范妙招：

⑴ 控制游泳时间

控制每次游泳的时间，一般不应超过 2 小时。因为游泳时间过长，泳池里的漂白粉会使皮肤发干而诱发皮肤瘙痒等问题。每次游泳后需用流动的清水仔细冲洗全身，可以起到预防皮炎的作用。

⑵ 涂防晒霜

夏季紫外线强烈，如果去露天浴场，宜选择阳光不是很强烈的清晨或傍晚。必要时，还要涂些防晒霜，因为人处在水中，散热较快，不能准确感受到太阳的炙热，加上水的折射作用，皮肤更容易晒伤。

⑶ 少吃感光食物

一些感光食物如芹菜、田螺、韭菜、香菜等吃多了，皮肤经紫外线照射容易产生斑点，去露天浴场，也应禁食这些食物。

⑷ 皮炎一般无须用药

多数情况下，游泳引起的皮疹、瘙痒会在几天内自然痊愈，不需要用药物治疗。如果皮疹严重或瘙痒难忍，应及时去医院就诊。

5. 尿道炎

尿道炎也是游泳易感染的疾病之一，一般是泳池消毒不彻底、物品混用引起的。如果感染上尿道炎，往往尿道口会出现局部发红、肿胀，并伴有瘙痒和分泌物等。若出现上述症状，应及时去医院就诊。

防范妙招：

（1）用品专用

使用自己专用的毛巾、衣物、泳具等，避免租借或使用公用物品。

（2）及时排尿清洗

游完泳后，应先去卫生间小便，并尽快用清水以淋浴的方式将外生殖器清洗干净，以减少细菌、病毒感染的机会。

（3）发病时不宜游泳

游泳、受凉易诱发尿路感染，如果正处在尿路感染期或康复不久，建议暂时不要去游泳，以免引起复发或传染给别人。

6. 腹泻

部分泳者在游泳后 1 ~ 2 周内出现腹泻症状，并被诊断为急性肠炎，此时容易误认为这是吃了不洁食物或着凉引起的，其实是因为吞入了游泳池里的脏水所致。因为有一定的潜伏期，游泳引起的腹泻不一定会在游泳当天马上出现。

防范妙招：

（1）漱口、刷牙

游泳后要淋浴，及时漱口，最好能刷一下牙。忽视口腔卫生，病菌便会通过饮水、进食等行为进入胃肠道，诱发腹泻等疾病。

（2）防止饮食不当

游泳前不能吃得太饱，过分饱胀在游泳时会导致胃肠道供血不足，诱发消化不良性腹泻；游泳后也别急着吃冰凉的食物，如冰淇淋、冰镇饮料等。

（3）控制游泳次数

每周游泳最好不要超过 3 次，如果是在室内游泳尽量选择一天中温度相对较高的时段，以避免胃肠型感冒而诱发腹泻。

（4）游泳后多喝水

建议游泳后多喝水，有利于清洁消化道，将病菌及时排出体外。如果身体不舒服应暂缓游泳，防止抵抗力低下而引发腹泻。

游泳后要注意什么

1.游泳后要及时淋浴，因为游泳池的水中含氯比较高，对头发、皮肤有一定的腐蚀性，泳后一定要立即洗澡，把身上的氯和粘附的细菌洗掉，保持身体的清洁。

2.游泳后，可以通过补充运动饮料、放松训练、调试呼吸、催眠暗示、心理调节、按摩恢复、水中漫游等手段恢复体力。

3.放松运动让身心舒展，从水中出来可做一下放松运动，抖动一下四肢，拍打大小腿或是上臂，防止长时间运动带来的肌肉紧绷，也能缓解第二天腿脚酸痛的运动后遗症。

（39 健康网）

第六章

天气状况判断

▶▶ 知识要点：

风云突变　离水躲避
动物植物　识别天气

第一节　风云突变　离水躲避

谚语称，朝霞不出门，晚霞行千里，天气变化影响日常生活，水域活动中也是同样的道理。正确判断天气状况，不利于水域活动的天气应避免下水，若已在水中应立即上岸。

身边的案例

【东莞暴雨一女学生被冲入下水道 抢救无效死亡】

广东东莞30日全市遭受雷雨大风，局部伴有冰雹。30日下午五点半左右，东莞理工学校一名女生返家途中落入下水道被水冲走，于当日夜间抢救无效死亡。

30日下午五点半左右，东莞理工学校城市学院寮步校区三名女学生，得知因暴雨致学校不用上晚自习，便返回家中。在回家途中，因积水太多，其中一名16岁的女学生不慎落入下水道中，被雨水冲走。同伴紧急报警。民警在附近一水塘里找到了这名女学生。找到时，这名女生已经昏迷不醒，被紧急送往寮步医院抢救。

31日上午记者从寮步镇政府获悉，该名女生已于30日夜间抢救无效死亡。（来源：2014-03-31 中国新闻网　作者：李英民 周霞）

【安全寄语】不下水会不会溺亡？答案是“会”。即使走在水边，强风也能将我们吹下水，暴雨也能使河水上涨而卷走我们。所以，生命如此脆弱，水域安全不但应关注“水情”，也应关注“天气”。

安全警示

云是大气中水汽凝结成的水滴、过冷水滴、冰晶或它们混合组成的可见悬浮体。云的生成、外形特征、量的多少、分布及其演变，不仅反映了当时大气的运动、稳定程度和水汽状况等，而且也是预示未来天气变化的重要特征之一。了解不同类型云的特征，提前预知天气状况，将有利于水域活动的安全。

通常根据云的共同特点，结合实际需要，按云的底部高度把云分为低、中、高三族，然后按照云的外形特征、结构和成因划分为十属及若干类，在此不一一赘述。经验告诉我们：天空的薄云，往往是天气晴朗的象征；那些低而厚密的云层，常常是阴雨风雪的预兆。

天气的变化对水域安全有着极大的影响。在天气即将变坏之前，我们就应提早避开水域，如果正在水域中，突遇暴雨等短时强对流天气，要迅速离水上岸；如果因特殊原因已经面对洪水的威胁，则要保持清醒的头脑，采取正确的自救行动，洪水来时，要寻找安全便捷的路线迅速转移，若无法迅速上岸，则抓住一切可漂浮物体当作简易浮具，保证不下沉；面对太急的洪水，在自身能力有限的情况下，尽量避免单身转移，可利用浮具浮至屋顶、墙头或就近的大树上，暂时避难，等待救护人员转移，要注意的是，土墙、干打垒住房或泥缝砖墙住房，只能做暂时避难场所，因为经水一泡，它们随时会有坍塌的危险，假如没有大树、院墙，屋顶又一时爬不上去，此刻应抓住固定物不放，并呼救他人搭救脱险。

如同上述的案例，在现实生活中经常发生行人、汽车误入深水区导致人员溺亡的惨剧。当暴雨导致路面积水、洪水冲刷、道路坍塌时，或者道路被拦腰切断并有急流通过时，无论行人还是汽车都只能在安全的地方“暂时避难”，绝对不能强行通过；如果是在山区道路，由于山体滑坡堆积阻塞，应绕道上山，由滑坡面的上部通过会相对安全；当洪水冲断桥涵，河流水急、桥面还在坍塌时，千万不能冒险强行通过，否则会有生命危险。

危机预防

天气的突变，往往反映在云或其他天象的特征上，学会辨识，往往能够防患于未然，保障水域活动的安全。

1. 常见云判断

（1）伞云：山上出现如下云状，又称吊云，出现此种云，表示在一天内会下雨。

（2）卷云：呈条纹状。天空出现卷云，表示低气压接近，半天或一天后将会下雨。

(3) 卷积云：卷云成行成列排列，小圆块的云朵累积叠加起来，即形成卷积云，因看起来似波纹的样子，所以也叫这样的天气为鱼鳞天，一般不会带来雨雪。

(4) 积云：很常见的云朵，看起来很蓬松、洁白，像一团一团棉花飘浮在空中，积云如果是一朵一朵分开的，那么代表好天气，如果一片一片连一起演变为积雨云，则会有一场突来的暴雨。

（5）高积云：和卷积云很类似，大体的区别就是范围更大，云朵更厚，而且看起来白色云中有暗。预示着好天气。

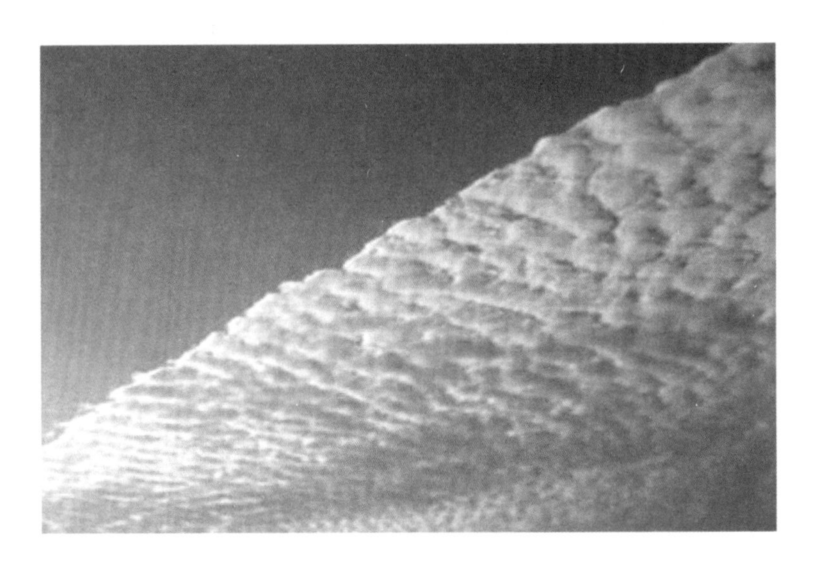

(6) 层云：又称雾云。夏天早晨，山麓的层云，逐渐上升，消失不见，表示天气将转好。

(7) 卷层云：是由冰颗粒形成的，像是白云的纹路，是唯一会在太阳或月亮旁产生光晕的云朵。如果卷层云扩展那么是晴天，如果卷层云变小那么要下雨了。

(8) 高层云：卷层云慢慢地向前推进，天气就将转阴。接着，云层越来越低，越来越厚，隔了云看太阳或月亮，就像隔了一层毛玻璃，朦胧不清。这时即形成了高层云。随后往往在几个钟头内便要下雨或者下雪。

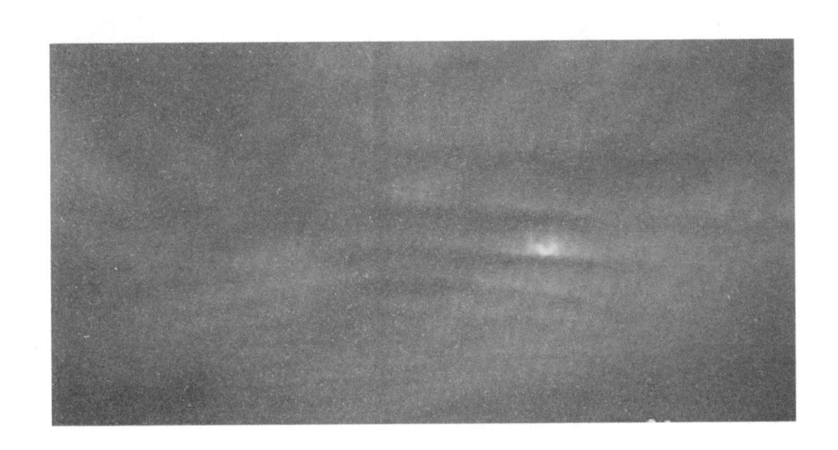

(9) 乱层云：朦胧月夜，天空出现阴沉的乱层云，表示数小时后会下雨。

（10）积乱云：冬天下雨常由此云所致。不过下雨时间很短，还伴有电闪、雷鸣。

（11）积雨云：积云如果迅速地向上凸起，形成高大的云山，群峰争奇，耸入天顶，就变成了积雨云。积雨云通常出现在低空中，云彩颜色很暗沉，塔形云层的高度可达6000m以上。这种云代表着有大雨、强风、雷鸣、闪电、暴雨，甚至冰雹或龙卷风的到来。

（12）雨层云：高层云压得更低，变得更厚，太阳和月亮都躲藏了起来，天空被暗灰色的云块密密层层地布满了，这种云叫雨层云。雨层云一形成，连绵不断的雨雪也就降临了。

2. 常见天象判断

（1）晕：是一种美丽的七彩光圈，出现在太阳和月亮的周围，颜色为里层红色，外层紫色，这种光圈叫作晕。日晕和月晕常常产生在卷层云上，卷层云后面的大片高层云和雨层云，是大风雨的征兆。俗语有称："日晕三更雨，月晕午时风"，说明当卷层云出现时，如果还伴有晕，则天气会变坏。

（2）华：华是一种比晕小的彩色光环。颜色和晕刚好相反，为里层紫色，外层红色。日华和月华大多产生在高积云的边缘部分，如果华环由小变大，天气则趋向晴好；如果华环由大变小，天气则可能转为阴雨。

（3）虹：夏天雨过天晴的时候，在太阳对面的云幕上，常会挂上一条彩色的圆弧，这就是虹。俗语有称："东虹轰隆西虹雨。"意思是说，虹如果出现在东方，则有雷无雨；虹如果出现在西方，则将有大雨。

（4）霞：在清晨或者傍晚，太阳照到天空使云层变成红色的现象。俗语有称："朝霞不出门，晚霞行千里。"意思是说，朝霞在西，表明将出现阴雨天气；晚霞在东，表示最近几天里天气晴好。

小贴士
XIAOTIESHI

如何判断山洪泥石流

在首先及时认真收听是否有暴雨的天气预报的前提下，可以根据山洪泥石流的前兆来判断。

第一是看。观察到河（沟）床中正常流水突然断流或洪水突然增大并伴有较多的柴草树木，可确认河（沟）上游已形成泥石流。

第二是听。深谷或沟内传来类似火车轰鸣声或闷雷声，哪怕极其弱，也可认定泥石流正在形成。另外，沟谷深处变得昏暗并伴有轰鸣声或轻微的振动声，也说明沟谷上游已发生泥石流。

泥石流固然可怕，但只要我们抓住泥石流发生和行进的规律，采取必要的防范知识，可以将泥石流造成的损失降到最低。因此，在山区建设工作中必须把泥石流的因素考虑进去。在泥石流多发季节，不要到泥石流多发山区去旅游。

（《气象知识》2009 年第 3 期）

第二节　动物植物　识别天气

动物、植物对天气变化的预知较人要更加灵敏，观察动植物的异常，可有效预知天气变化，为合理安排水域活动提供指导。

身边的案例

【北京暴雨 37 人遇难 其中 25 人溺水死亡】

记者从北京市有关部门获悉，截至 22 日 17 时，北京暴雨在本市境内共发现因灾死亡 37 人。

7 月 21 日，本市发生暴雨到大暴雨天气，全市平均降水量 170mm，为自 1951 年以来有完整气象记录最大降水量。其中，最大降雨点房山区河北镇达到 460mm。暴雨引发房山地区山洪暴发，拒马河上游洪峰下泄。截至 22 日 17 时，在本市境内共发现因灾死亡 37 人。

其中，溺水死亡 25 人，房屋倒塌

致死6人，雷击致死1人，触电死亡5人。目前，死者已有22人确定身份，其余15人正在确认中。

(来源：2012-07-23 新华网)

【安全寄语】天气突变、应对乏力导致了这一场悲剧。即使我们不依赖天气预报等高端科技，仅仅留心观察身边动植物的一些反常反应，我们也应该可以预知天气的变化，如果由此加以防备，损失应该不会如此之大。生命没有如果，机会没有应该，但愿知识能够让悲剧不再发生。

安全警示

蜻蜓、燕子低飞，蚂蚁搬家，这是我们时常观察到的动物变化，柳树叶变色、含羞草害羞，则是我们不常关注的植物细节，其实这些都预示着天气的变化。当根据动植物的反应推断雨天将至时，应停止水域活动，迅速离水靠岸，千万不要抱有侥幸心理，继续在水中活动，否则极有可能将自己带入险境。

危机预防

下雨前，因为空气温度、湿度、气压的变化，动物和植物以其灵敏的感官和器质特点，会在习性上随之发生一些改变。

1. 动物

很多动物都有预测天气的本能，观察它们的反应，有助于预测近一两天之内天气变化的情况。食虫的鸟类，在天气晴朗的时候就会在高空中捕食，在暴风雨来临之前就飞得相当低。如果兔子在白天意外出现，或者你见到松鼠在巢中贮存很多的食物，通常意味着天气要变糟了。早晨麻雀鸣叫表示天气晴朗——麻雀对天气变化十分敏感，天气越好的日子里，叫得越厉害。云雀叫声提高表示天晴——从远方传来云雀轻快的叫声，就可证明是空气干燥的好天气。

⑴ 蜘蛛——观察蜘蛛网

蜘蛛网是一张晴雨表，一看有无水珠：在天气晴朗时，昼夜的温差比较大，暖湿气流会在遇冷时凝结成小水珠，这样在早晨如果看到蜘蛛网上结有水珠，则预示着今天将是一个晴朗的天气。二看结网的变化：如果在晴天的下午蜘蛛大量结网，则预示着今后的一二天内会有雨，而且网结的越结实，风雨较大，反之，则较小；如果是在雨后结网则意味着天要转晴。

⑵ 青蛙——观察鸣叫变化

青蛙的叫声可以反映天气状况。在下雨前夕，由于空气的湿度增大，青蛙敏感的皮肤会马上感知到。如果青蛙不停地鸣叫，音量也超过平常，则预示着将要下雨，但是越临近下雨，随着空气湿度的进一步加大，青蛙的叫声反而变小，频率也变低，风雨即将来临时，则完全听不到蛙鸣，在天气放晴后，青蛙会恢复响亮的叫声。

⑶ 蚯蚓——观察是否出土

生活中我们时常发现，春夏季节大雨来临之前，蚯蚓会纷纷爬出土外。这主要是因为蚯蚓是通过皮肤呼吸的，太干燥的空气不利于其对氧气的捕捉，因此下雨前夕，随着空气湿度增大，地面变暖，蚯蚓就会钻出地面，而这即预示着风雨将至。

⑷ 蜻蜓——观察飞行高度

蜻蜓低飞时，即将要下雨。因为在下雨前，低气压会使昆虫处于距离地面较近的地方活动，蜻蜓以小昆虫为食，要吃到食物，蜻蜓必须也要低飞。

⑸ 蚂蚁——观察搬家

在大雨即将来到时，蚂蚁会把家搬到较高的地方，因此，看到蚂蚁搬家时，往往预示着要有一场大雨。

⑹ 蛇——观察移动

蛇对空气湿度非常敏感，和蚂蚁一样，下雨前，蛇也会从低洼地点转移到高处。

⑺ 鱼——观察水面活动

生活中常见鱼群“浮头”，鱼“浮头”的原因之一是天气变化，如果天气闷热，次日整日有雨或阵雨，气压低，则鱼群可能上半夜就开始“浮头”。另外，夏季的傍晚，鱼塘中若有鱼儿乱蹦出水面的“跳水”现象，预示将有雷阵雨到来。

（8）鸡鸭—— 观察回笼

如果鸡归窝早，第二天一般是晴天，反之，如果在天快黑时鸡才进笼，天气则将转坏。鸭与鸡的表现相反，鸭是喜水动物，鸭进笼早，意味天气要转坏，反之则第二天是晴天。

（9）动物抓痒

干燥使动物的皮肤紧绷，潮湿时，皮肤开始舒展，毛发却变得紧绷，这样的一紧一松带来了瘙痒，或者为了更好地防御雨水的袭击，动物在下雨前，都会不断地抓痒并梳理毛发。

（10）人体变化

常有老人会提起“膝盖又在疼了，看来又要变天了”，这是人体对天气变化的一种反应。疤痕在阴雨天的前夕会发痒；受过伤的关节会疼痛；患有风湿的患者也是很好的天气预报员。

2. 植物

（1）柳树——观察叶面颜色

柳树在夏季里，柳叶下垂，随风摇摆，不失为一种景致；在阴雨天气来临之前，柳叶会全部反转过来，因为柳叶的反面是浅绿色的，表面还带一层“白霜”，这时就感觉柳叶“变成”白色了。

（2）南瓜藤——观察顶端朝向

南瓜藤的顶端通常都是向下面缓缓趋前生长的，夏季的早晨，天气将由晴转雨时，南瓜藤的顶端普遍朝上；在阴雨天天气将要转晴时，南瓜藤的顶端会普遍朝下。

（3）含羞草——观察叶面动向

含羞草被碰触后叶子会合拢起来，又垂下去，像害羞似的。这其中，因为“害羞”的程度不一样，预示的天气也不一样：如果被触动的含羞草叶子很快合拢、下垂，之后，需经过相当长的时间才能恢复原态，则说明天气将艳阳高照，晴空万里；反之，叶子受触后收缩缓慢、下垂迟缓，或叶子稍一闭后即张开，则预示着风雨即将来临。

⑷ 野蒿——观察根部小芽

野蒿（主要指黄化蒿和杜蒿）是耐旱能力极强的菊科野生植物，生长范围很广，遍布我国各地，在大旱季节，如果不久后天将下雨，野蒿的根部会生出很多幼嫩的白色小芽。

⑸ 女贞——观察叶子生长

谚语有称：“女贞叶落尽，当秋必主淋。”女贞是一种常绿的乔木，它的叶子随落随长，如果夏季出现反常，只落叶，不长叶（或长的叶子很少），好似要进入冬天休眠一样，则预示着未来 2~3 个月内将有一场秋季连阴雨天气。

⑹ 紫茉莉——观察花开花谢

紫茉莉又称胭脂花，夏季开花，有紫、红、白等色，通常头天傍晚开花，第二天早晨凋萎。根据紫茉莉凋萎的时间，可对当天的天气作出判断：若天刚放亮花就立刻凋萎，预示着当日天晴；若花凋萎的时间较晚，则预兆着当日为阴雨天气。

民间谚语

1. “蚂蚁挡道，大雨即到。蚂蚁搬家，大雨要下”
2. “蜻蜓低飞，不风即雨”
3. “蜘蛛结网晴，收网阴”
4. “蚯蚓路上爬，雨水乱如麻。蝼蛄唱歌，天气晴和”
5. “长虫过道，下雨之兆。蛤蟆哇哇叫，大雨就要到”
6. “乌鸦唱晚，风雨不远”
7. “老牛抬头朝天嗅，雨临头。马嘴朝天，大雨眼前”
8. “骨节发痛，不雨即风。早上疮疤痒，晚上大风响”

第七章
水域环境判断

知识要点：

水域环境　准确判断
水质好坏　事关健康

第一节　水域环境　准确判断

了解水域功能和标准的分类；了解水域风力、水流、天气特点；了解水域水质状况；不在有“禁止游泳”、“水深危险”等标志区域内游泳。这些对于水域环境信息的了解，有助于提升水域活动的安全性，也有助于对水资源的保护。

身边的案例

【野泳不顾安全 4 年溺亡 94 人】

据消防部门不完全统计：2006 年至 2010 年，仅太原市就有 94 人游野泳溺亡。为何看似平静的水面却频张大口？哪些原因会导致溺亡？7 月 28 日，本报记者进行了调查采访，为您独家解析。

三个月出动 31 次下水救援

“每年夏季，都是游野泳溺亡的高发期。”太原市消防支队特勤一中队特勤班班长阳建品介绍。特勤一中队是游泳溺亡、跳河自杀时水下救援的主力军，太原的“蛙人”都在这支中队。

每年一进入 5 月份，“蛙人”们就开始忙碌起来，平均 3 天就有一次水下救援。记者翻看特勤班的出警记录，每次警情大多写着“一人溺亡”或“两人溺亡”。据不完全统计，今年 5 月 6 日至 7 月 25 日，仅消防部门出动过警力的水下救援，就有31次，共有17人溺亡。

溺亡者多是年轻人

近年来，溺水事故逐渐成为夏季治安管理的难点。虽然相关部门不断宣传水上安全，但还是有些人心存侥幸，一幕幕因游野泳酿成的悲剧接连上演。仅从接警记录统计，2006年6月23日至今年7月25日，太原市消防支队特勤一中队从水下搜救出94名溺亡者。“这仅是消防部门的粗略统计，实际溺亡人员要比这多。”阳建品说，有些游野泳溺亡者被及时打捞起来，也就不报警了。

4年间，发生游野泳溺亡的水域分布于太原市的10个县（市、区），地点相对分散。溺亡时间大多是夏季的11时至13时、17时至18时，且周末溺亡人数多于平时。游泳溺亡者以学生、农民工居多。这部分群体中，又以18~25岁的年轻人为主，也有部分中年人或少年。学生大多白天游泳，农民工大多晚上游泳。“由于居住分散、经济条件所限，不少外来务工人员选择到邻近水域中游泳消夏。”消防部门介绍，学生也是野外游泳的主体，他们往往三五成群，结伴游泳。

另外，在阳曲、娄烦等县，溺亡者中有不少是小孩。相对于城市里的小孩，他们没有正规的游泳场所，只有到野外才能畅享游泳的乐趣，这无形中增加了溺水风险。今年7月22日，阳曲县东黄水镇莲花池塘边，就有一名13岁男孩溺水身亡。

溺亡四大原因

“独特的水源是一种财富，有时也是致命杀手。”太原市消防支队特勤中队副中队长王祥介绍，太原不少水域，尤其是阳曲、娄烦等地的水域，水来自地下山泉，水温较低，游泳者下水后，腿容易受凉抽筋，发生危险。“水底沙坑也是一种潜在的危险，这在汾河湿地公园尤为明显。”王祥说，湿地公园浅的地方有1米左右，但是再往前一点，可能就是五六米深的沙坑，坡度很陡，不熟悉地形的人可能会误以为河边就是浅水区，其实不是这样。有时人一下水，很快就滑入了底部。

除了水温、地形等因素外，水草也经常扮演致命杀手。夏天气温高，水草猛长，游泳者下水后一旦被水草缠住，极易发生溺水险情。“还有一种险情是人为造成的，类似于水草。”王祥介绍，在一些人工养鱼的水域内，经常有废弃的渔网。经年累月，烂渔网沉在水底，游泳者一不小心被缠住后，很难脱身。发生溺亡事故的，大多是以上4类原因。（来源：2010-07-30 “山西新闻网”山西晚报）

【安全寄语】 “水底沙坑”、“水温”“水草”“渔网”……样样都能致人死，下水前全面判断水域环境，提前避险，不可大意。

安全警示

湖泊、河流或海等自然水域由于其很高的自由性与挑战性，深受广大游泳爱好者喜爱。但是，自然水域与泳池有很大不同，泳池水情特点相对简单，主要是弄清水温、水深、功能分区等方面，而自然水域环境更加复杂，地形多变，水底状况难以捉摸，可能有水草、水下生物等对游泳者产生不利影响的因素。另外自然水域的水质受周围自然环境的影响大，水流方向与速度也会对游泳者产生影响。

危机预防

在公开水域游泳除了掌握水域安全须知，还需要注意以下几点：

1. 了解水域性质

不要在水源地等水域环境保护区域游泳，避免污染水质。

2. 了解水域状况

提前调查清楚水域的相关情况，诸如水流流向、流速等，做好相应的安全措施。了解当地的水温，水深状况，不要在温度过低或水深过深的水里游泳。

3. 了解水域天气

面积过大的水域有影响小范围区域气候的作用，提前调查水域的特殊天气状况，避免在雷雨、大风、雾、霾、风沙和浮尘天气下水。离地面很高的露天游泳场馆或天池（山顶的湖）等水域，容易发生雷击。气温过高易导致体能丧失以及中暑等情况的发生，一般气温要在35℃以下适宜进行水域活动。

4. 关注水域标识

细读水域边的警告说明，遵照标识要求决定是否下水，根据警告说明关注水深、水质、水下生物等。

5. 清楚水质情况

经营性水上游乐场所应有当地卫生和安全部门签发的证明，包括水质及水域对人身安全的影响等项内容，不要在水质很差的水里游泳。

6. 注意识别方向

自然水域里没有画线，游泳时要保持一定的抬头频率，看好适当的参照物，保证自己按照正确的方向游。

小贴士
XIAOTIESHI

水域分类

为防治水污染，保护地表水水质，保障人体健康，维护良好的生态系统，我国于2002年修改颁布了《地表水环境质量标准》。在标准中，依据地表水水域环境功能和保护目标，按功能高低依次划分为五类：

Ⅰ类　主要适用于源头水、国家自然保护区。

Ⅱ类　主要适用于集中式生活饮用水水源地一级保护区、珍贵鱼类保护区及游泳区。

Ⅲ类　主要适用于集中式生活饮用水水源地二级保护区、一般鱼类保护区及游泳区。

Ⅳ类　主要适用于一般工业用水区及人体非直接接触的娱乐用水区。

Ⅴ类　主要适用于农业用水区及一般景观要求水域。

同一水域兼有多类功能的，依最高功能划分类别。有季节性功能的，可分季节划分类别。对应地表水上述五类水域功能，将地表水环境质量标准基本项目标准值分为五类，不同功能类别分别执行相应类别的标准值。水域功能类别高的标准值严于水域功能类别低的标准值，同一水域兼有多类使用功能的，执行最高功能类别对应的标准值。实现水域功能与达功能类别标准为同一含义。

地面水环境质量标准的基本要求：

所有水体不应有非自然原因所导致的下述物质：

A.凡能沉淀而形成令人厌恶的沉积物；

B.漂浮物，诸如碎片，浮渣，油类或其他的一些引起器官不快的物质；

C.产生令人厌恶的色，臭，味或浑浊度的；

D.对人类，动物或植物有损害，毒性或不良生理反应的；

E.易滋生令人厌恶的水生生物的。

（国家环境保护总局）

第二节　水质好坏　事关健康

游泳后皮肤瘙痒，出现腹泻，我们会很自然地想到，刚刚游泳的水域不卫生。在不洁净的水域游泳，不但影响健康，也直接破坏了水中游乐活动的乐趣。

身边的案例

【石岐15间游泳场馆通过量化分级】

日前，石岐区15间游泳场馆顺利通过了量化分级，其中卫生水平达A级单位的1间，B级单位的5间，C级单位的6间，3间单位因无卫生许可证或维修未用不予评级。

炎炎夏日，游泳是市民消暑的休闲首选，泳池的水质卫生是社会关注的热点。据了解，量化分级是促进游泳场所的卫生管理、预防游泳场所传染性疾病的发生及流行、切实保障人民群众健康权益的重要手段。日前，在前期各场馆已开展自查自纠的基础上，石岐区卫生监督员小组在量化评比过程中对各场馆进行了检查，卫生许可证的公示、禁游标识的欠缺、清洗消毒记录的未完善仍是游泳场所的常见问题，卫生监督员在发现问题的过程中及时和管理单位沟通商讨解决办法，给予指导性的卫生监督意见。（来源：2010-08-03《广州日报》作者：张丹）

【安全寄语】正规游泳场馆的水质都分级了，自然水域的水质我们是不是更应该关注呢？污水会损伤我们的内脏和皮肤，为了我们的健康，不要在受污染的水域戏水。

安全警示

身体接触污水后，有可能带来皮肤、消化系统、呼吸系统三方面的疾病。除此之外，恶心呕吐等复杂因素还可能引起头晕。

皮肤：如果水里存在有毒物质，皮肤会产生炎症、过敏。尤其眼睛这样的敏感部位，一旦受到有害物质刺激或者细菌感染，很容易得结膜炎。

呼吸系统：污水进入喉咙、气管，刺激引起咳嗽。如果进入肺部，异物会引起炎症，继发细菌感染，出现肺炎等严重症状。

消化系统：刺激胃部，胃不舒服，恶心呕吐、拉肚子。

如果水质不洁净，游泳后往往会皮肤刺痛、头晕、咳嗽，此时要立即就医，查明病因及严重程度，及时治疗。

危机预防

水质不好就避免下水，这样当然就不会出现健康问题，但如何提前判断水质的好坏呢?

1. 看颜色辨水质

清洁的水是无色的，如果肉眼可明显看到水质浑浊，这一般是由于水体中泥土、有机物、浮游生物和微生物增加而引起的。一旦水体呈现非正常颜色，如突然变红、黄、紫、黑等非水体自然色彩，则可初步判定水域被污染，原因可能为工厂污水偷排入水体，造成金属污染所致。

绿色的水体都是污染比较严重的，有些虽然浊度低，但不见得污染小。这种水体一般富营养化，有机物含量较高，水体藻类大量繁殖，水体表面会被绿色或红色的藻类慢慢覆盖，还伴随有刺鼻臭味。

黄色的水体相对污染小，发黄是因为水中悬浮物多，水质其实并不差。比如属于自然水域的长江的一些河段就发黄，但水质还保持在Ⅱ类，一般水体的黄色越纯正，说明水质越好。但在一些封闭水域，黄色或棕黄色有可能是由于加入的净水剂过量或由于铬或腐殖质的污染所致。

2. 闻味道辨水质

清洁的水是无味的。下水后，如果闻到或尝到水的味道不正常，则水体被污染了。若水出现芳香臭或类似黄瓜腐烂的臭味，有可能是由于藻硅类等浮游生物大量繁殖造成的，发生的场所主要是湖泊和水库；若水出现金属臭，多由于铜锌管道老化或因铁管生锈造成，这种水主要出现在自来水管道中；若水中出现腐臭，有可能是由于下水道污水污染造成的，它主要发生在有下水道破损，污水流入的地方。另外，水中氯化物污染每升超过 300 毫克，水会有咸味；水中的硫酸盐过多时，呈苦涩味；铁盐过多时也有涩味。受生活污染、工业废水污染后，水可呈现各种异味。

3. 看水生物辨水质

水生物是判断河水是否受到污染的有效参照物。水生生物群落与水环境有着错综复杂的相互关系，对水质变化起着重要作用。不同种类的水生生物对水体污染的适应能力不同，有的种类只适于在清洁水中生活，被称为清水生物(或寡污生物)。而有些水生生物则可以生活在污水中，被称为污水生物。

水生生物的存亡标志着水质变化程度，因此生物成为水体污化的指标，如鱼类、昆虫、浮游植物、浮游动物、水底生物、真菌等被称为污水指示生物。通过水生生物的调查，可以评价水体被污染的状况。有许多水生生物对水中毒物很敏感，也可以通过水生生物毒性实验结果来判断水质污染程度。水生物存亡标志水质变化的分布和浓度，决定河中水生物的类型构成。一些水生物在某种河流条件中，会跟鱼抢氧气，造成鱼类大面积死亡。

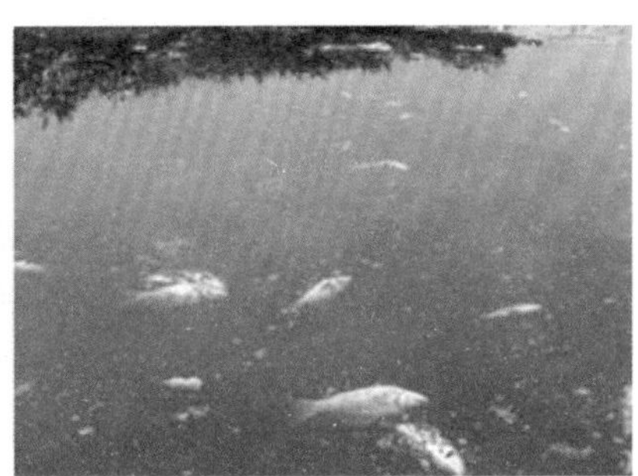

小贴士 XIAOTIESHI

游泳池水质的主要污染物

近期，各地卫生局泳池检查不合格情况频发，到底游泳池里面有哪些不好的东西，对我们人体有什么危害？跟大家简单分析一下。

细菌超标表明游泳池水受到人畜粪便的直接或间接污染，同时也表明游泳池水中消毒剂达不到杀死致病菌和寄生虫的有效浓度，消毒不够彻底，增加游泳者被传染上红眼病、肠道传染病等疾病的风险。

游离性余氯不合格的情况有偏低和偏高两种，高浓度游离性余氯容易产生消毒副产物三氯甲烷等挥发性氯化物，危害人体健康，并且会刺激人的眼、耳、鼻、喉和皮肤黏膜；浓度偏低则达不到消毒效果。最新的中空纤维超滤膜分离过滤效果是很好的。

尿素反映泳池水的新旧程度，是受人体污染程度的指标，主要来自游泳者的分泌物和排泄物。天气炎热时，人体代谢旺盛，

游泳者人数多，加上个别儿童在泳池中小便，导致汗液和泌尿生殖道分泌物相应增多。泳池水中尿素升高可能对人体皮肤黏膜造成损伤，尿素在细菌的尿素酶作用下使氯变成结合氨，将大大减弱氯的消毒效果。

（百度文库）

附录

水域警告标志

附录 A：规范的图文标志

（一）疏散标志与应急设施标志、指令标志

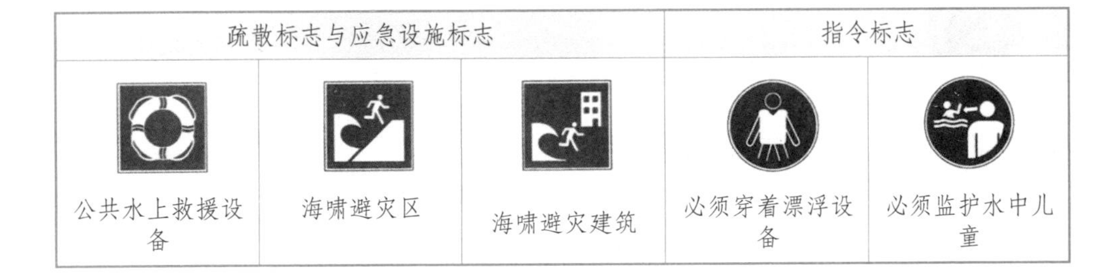

疏散标志与应急设施标志			指令标志	
公共水上救援设备	海啸避灾区	海啸避灾建筑	必须穿着漂浮设备	必须监护水中儿童

（二）禁止标志

禁止标志				
禁止跑动	禁止游泳	禁止使用呼吸管潜泳	禁止潜水	禁止跳水
禁止帆船驶入	禁止帆船驶入	禁止人力船驶入	禁止机动船驶入	禁止摩托艇驶入

续表

禁止标志				
禁止拖曳滑水	禁止冲浪	禁止穿着户外用鞋	禁止跳落入水	禁止推人入水
禁止趴板冲浪	禁止在红黄条形旗间冲浪	禁止冲浪风筝活动	禁止牵引伞活动	禁止沙地帆车驶入
禁止垂钓				

（三）警告标志

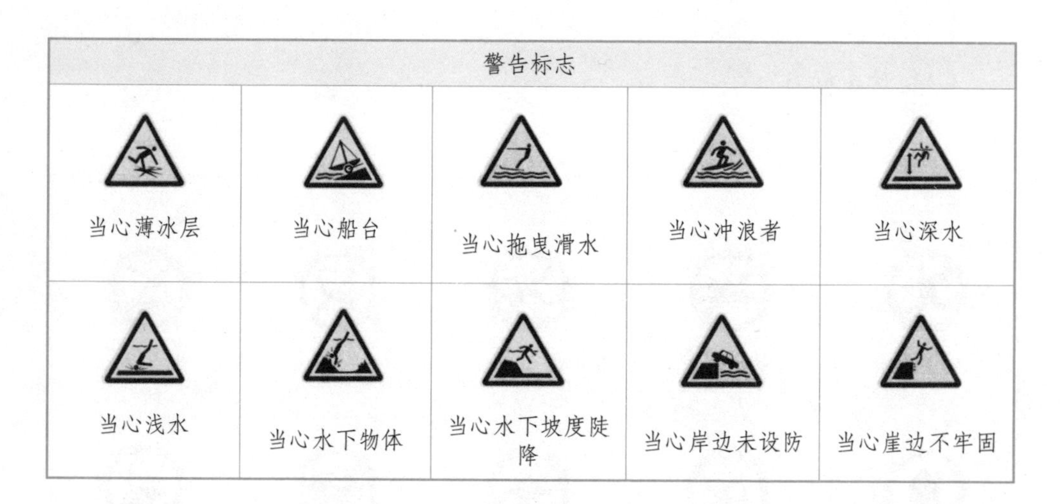

警告标志				
当心薄冰层	当心船台	当心拖曳滑水	当心冲浪者	当心深水
当心浅水	当心水下物体	当心水下坡度陡降	当心岸边未设防	当心崖边不牢固

续表

警告标志				
 当心崖壁落石	 当心鲨鱼	 当心排污口	 当心海啸	 当心强水流
 当心船舶	 当心沙地帆车	 当心潮水	 当心流沙或泥沼	 当心冲浪风筝
 当心牵引伞	 当心强风	 当心巨浪或强破碎浪	 当心岸边陡坡	 当心鳄鱼
 当心海蜇				

附录 B：常见的临时标志

禁止游泳
严禁游泳
严禁垂钓
电厂保卫处
禁止游泳
No swimming
禁止垂钓
No fishing
违者后果自负
Bear your own consequences
温馨提示
水深危险
禁止野浴
危险水域严禁
中小学生私自下江游泳

在城市河道保护管理
止洗涤、游泳、洗澡、垂
道水体的行为，违者予以
杭州市城市管理
杭州天童水产科
水深危险
禁止游泳、洗衣、垂钓
水深危险
禁止游泳
禁止垂钓
请勿戏水
水深危险
严禁下水

附录 C：沙滩安全旗

在一些海滩、江滩等公开水域，设有救生人员并负责看护相关责任水域，保障戏水安全，此时即会使用“沙滩安全旗”。沙滩安全旗的名称、形状、功能、含义和颜色如下：

<table>
<tr><th>编号</th><th>沙滩安全旗</th><th colspan="2">名称和含义、功能、形状和颜色</th></tr>
<tr><td rowspan="3">BF.00</td><td rowspan="3"></td><td>名称和含义</td><td>绿旗，安全环境</td></tr>
<tr><td>功能</td><td>表示该水环境适宜游泳或其他水上活动，可以入水</td></tr>
<tr><td>形状和颜色</td><td>矩形，绿色</td></tr>
<tr><td rowspan="3">BF.01</td><td rowspan="3"></td><td>名称和含义</td><td>红旗，危险环境</td></tr>
<tr><td>功能</td><td>表示该水环境对游泳或其他水上活动非常危险，不宜入水</td></tr>
<tr><td>形状和颜色</td><td>矩形，红色</td></tr>
<tr><td rowspan="3">BF.02</td><td rowspan="3"></td><td>名称和含义</td><td>黄旗，一般警告</td></tr>
<tr><td>功能</td><td>表示对危险的一般警告，需要使用辅助标志提示危险的详细信息</td></tr>
<tr><td>形状和颜色</td><td>矩形，黄色</td></tr>
<tr><td rowspan="3">BF.03</td><td rowspan="3"></td><td>名称和含义</td><td>红黄条形旗，有救生员巡逻的游泳和趴板冲浪区，或有救生员执勤</td></tr>
<tr><td>功能</td><td>旗帜成对使用表示表示有救生员巡逻的游泳和趴板冲浪区域，单独一面旗帜表示有救生员执勤</td></tr>
<tr><td>形状和颜色</td><td>矩形，红色和黄色，旗帜水平等分为两种颜色，上半部为红色</td></tr>
</table>

续表

编号	沙滩安全旗	名称和含义、功能、形状和颜色	
BF.04		名称和含义	黑白方格旗,冲浪板和其他水上小艇的活动区域或者区域的边界
		功能	表示供冲浪板和其他水上小艇使用的区域（成对使用)或区域的边界
		形状和颜色	矩形,黑色和白色,旗帜表面等分为两黑两白四个矩形色块,上部的黑色矩形色块在旗杆一侧
BF.05		名称和含义	红白方格旗,紧急撤离
		功能	表示因发生紧急情况,宜撤离该水域
		形状和颜色	矩形,红色和白色。旗帜表面等分为红色和白色四个矩形色块,上部的红色矩形色块在旗杆一侧
BF.06		名称和含义	橙色风向袋,大风时禁止在水上使用充气物品
		功能	表示在大风或者其他不安全的水域环境中使用充气物品非常危险,禁止在水上使用充气物品
		形状和颜色	截锥体,橙色

参考文献

[1] 唐国宪，赵少雄，杨烨.游泳意外溺水事故原因探析[J]. 邵阳学院学报，2007，4(4).

[2] 夏文，王斌，赵岚，张馨文，冼慧. 不同教育模式对小学生水域安全知信行的影响.体育学刊，2013.3（2）.

[3] 许旻棋，许富淑（2007）.推动学生游泳能力对水域活动安全影响之研析[J].大专体育，89.

[4] 夏文，王斌，刘炼，等.发达国家学生水上安全教育的经验及启示[J]. 湖北体育科技，2011(5).

[5]赵守博.水上安全与救生[M].台北：台湾水上救生协会，1995.

[6]石虹.校园安全手册——香港学生、幼儿交通安全教育[M]. 北京：人民军医出版社，2012.

[7]薛成斌，甘勇.大学生安全教育读本[M]. 上海：同济大学出版社，2011.

[8]施玉新.安全教育读本[M]. 北京：电子工业出版社，2014.

[9]人本教育文教基金会网.http://hef.yam.org.tw/index01.htm/ 创新教学 / 得奖教案 / 勇于求生 – 简易求生法.

[10]台北水上救生协会. 水上安全与救生[M].台北：国亚印刷有限公司，1995.

[11]陈和睦. 水上安全与救生法研究[M].台北：正中书局印行，1973.

[12]陈宪舜. 水上自救救人的方法：水上救生的要领[M].台北：福霖印刷有限

公司，1997.

[13] 关家玉．三大学生被恶浪卷走.http://gzdaily.dayoo.com/2010-08/04 html//content_1047207.htm.

[14] 谢英君．又见溺亡． http://gzdaily.dayoo.com/html/2010-08/03/content_1046186.htm.

[15] 潘国武.女子走捷径过水沟不幸溺亡 事后工地才设警示牌. http://www.gxnews.com.cn/staticpages/20110420/newgx4dae4fdb-3750484.shtml.

[16] 父亲为落水溺亡儿子暖脚令围观者落泪． http://www.chinanews.com/sh/news/2010/03-29/2195572.shtml.

[17] 舟山市红十字会.水上安全教练员水上安全培训手册.

[18] 赵顺安.女孩在小区泳池溺亡 游泳池承包人失踪逃责. http://my.newssc.org/myxw/system/2009/08/12/000489090.html.

[19] 廖靖文.21 岁小伙泳池溺亡． http://gzdaily.dayoo.com/html/2010-08/02/content_1045287.htm.

[20] 曾焕阳．连平 2 名女学生溺水身亡． http://gzdaily.dayoo.com/html/2010-05/08/content_955751.htm.

[21] 一次难忘的溺水自救经历． http://www.jmnews.com.cn/c/2010/08/02/10/c_1089042.shtml.

[22] 蔡东海.8 岁儿童游泳池里救起 130 公斤重溺水父亲. http://news.qq.com/a/20100130/000896.htm.

[23] 裸泳为什么比穿泳衣游得更慢？. http://news.sina.com.cn/o/2010-08-04/040317908493s.shtml.

[24] 王纳.2 岁童酒店水池溺亡 家长告酒店索赔 61 万. http://gzdaily.dayoo.com/html/2010-08/05/content_1048445.htm.

[25] 香港一游泳池发生意外，13 岁女生溺水身亡. http://www.chinanews.com/ga/ga-stwx/news/2010/05-02/2259174.shtml.

[26] 杨薇 南宣.广州南沙一 80 多岁妇女被连屋带人吹进河里溺亡. http://news.

qq.com/a/20110418/000001.htm.

[27] 野泳不顾安全 4 年溺亡 94 人. http://news.qq.com/a/20100730/000367.htm.

[28] 张丹. 石岐 15 间游泳场馆通过量化分级. http://news.sina.com.cn/o/2010-08-03/041417902345s.shtml.

[29] 中华人民共和国国家标准 GB/T25895.1-2010.水域安全标志和沙滩安全旗.

图书在版编目(CIP)数据

青少年水域安全教育知识读本 / 王斌, 方朝阳主编. -- 武汉 : 湖北科学技术出版社, 2016.12
ISBN 978-7-5352-9197-4

Ⅰ. ①青… Ⅱ. ①王… ②方… Ⅲ. ①游泳—安全教育—青少年读物 Ⅳ. ①X956-49

中国版本图书馆CIP数据核字(2016)第249566号

责任编辑:谭学军　徐　竹　　　　封面设计:喻　杨

出版发行:湖北科学技术出版社　　　　电话:027—87679468
地　　址:武汉市雄楚大街 268 号　　　　邮编:430070
　　　　(湖北出版文化城 B 座 13—14 层)
网　　址:http://www.hbstp.com.cn

印　　刷:武汉市金港彩印有限公司　　　　邮编:430023

710×1000　1/16　　　　10 印张　　　　200 千字
2017 年 1 月第 1 版　　　　2017 年 1 月第 1 次印刷
定价:28.00 元
